JN228130

「ついやってしまう」体験のつくりかた

人を動かす「直感・驚き・物語」のしくみ

玉樹真一郎

ダイヤモンド社

はじめに

夜道をひとり歩くとき、ついオバケのことを考えてしまうことは、ありませんか？　もし本当にオバケが出たら……助けを呼ぶ？　１１０番？　戦う？　激しく動く心は、冷や汗や心臓の鼓動というかたちで、体のはたらきすら変えてしまいます。

ゲームを遊んでいても、同じようなことが起こります。そもそもゲームは虚構、どれだけゲームの主人公がピンチだろうと現実の人生にはなんら影響はないのに、確かにゲームは心を動かします。ハラハラして興奮して、悔しくて楽しくて。

夜道とゲームの共通点は、私たちの心を動かし、強烈な体験をもたらすことです。夜道やゲームのように、いとも簡単に誰かの心を動かせたらいいのに……そうは思いませんか？

START

たとえば子育て。いくら言っても子どもがお片づけしてくれないのはなぜ？　**どうして言うことを聞いてくれないんだろう？**

たとえば会話。どれだけ懸命に伝えても、いちばん大切なことが伝わらない。**どうして私の話はわかってもらえないのだろう？**

たとえばビジネスの現場。懸命に企画・開発した商品やサービスが、それ自体はどれだけ役に立ち便利なものであっても、売れてくれない。**どうしてこんなよいものが売れないのだろう？**

誰かの心を動かしたい、わかってほしい、行動させたい。そんな願いにお応えしたくて、この本を書きました。いや、正直に言えば……僕自身が強く願っているのです。**どうやったら人の心を動かす体験をつくりだせるか**、それが知りたくて仕方がないんです。きっとあなたも同じ気持ちですよね？

「片づけろ！」と言われて「あぁ、片づけたい！」という気持ちになる人は……いませんよね。ならば、どうすれば片づけたい気持ちにさせられるのか……そんなことをこの本では考えます。

真っ先に結論を申し上げれば、誰にでも、**あなたにも、人の心を動かす体験はつくりだせます。**

†

申し遅れました。私は玉樹真一郎というものです。かつて私は任天堂株式会社に勤め、ゲーム機の企画を担当していました。もっとも深く関わったのは、Wiiというゲーム機です。

Wiiは世界で1億台売れるヒット商品となりましたが、Wii自体はおもしろくありません。ゲーム機はあくまでも、ゲームを遊ぶという体験をおもしろくするためのもの。だからこそ、当時の私は**「ゲームはどうやって心を動かしているのか?」**について議論・分析・研究を重ね、学び、商品企画に活かしてきました。

1977年(昭和52年)生まれ。血液型はB型。青森県八戸市生まれ、任天堂時代は京都に住んでいましたが、今は故郷にUターンして独立。個人事務所「わかる事務所」を営んでいます。

その後、私は任天堂を退社し、企画の専門家としてさまざまな企業・団体さんが企画を考えるお手伝いをしています。ただひとつの武器は、キャリアを通して学び、実践し続けてきた**「心を動かす体験のつくりかた」**。

世の中、高機能・高性能だけの商品はもはや売れなくなってきています。ついその商品やサービスを触ってしまうもの、誰にでも使えてしまうもの、所有していると気分がいいもの……心を動かす体験をもたらす商品やサービスこそが求められています。

私たちはいつだって、心を動かしたいと願っています。

それこそがこの本の核です。この本では、心を動かす体験をつくる方法を**「体験デザイン」**とよび、ビジネスにも暮らしにも応用できる3つの型にまとめています。

商品やサービスがユーザにもたらす体験は、ビジネスの世界ではUX（User eXperience）とよばれています。企画やデザインのみならず、経営にも重要な概念として広がっています。

デザインという言葉にはふたつの意味があります。狭義のデザイン＝モノのカタチをつくること。広義のデザイン＝計画・企画すること。この本のデザインは「広義のデザイン」を指します。

といっても、急に「体験デザインだ」と言われて、まだピンと来ない方もいらっしゃると思います。そもそも**「体験」ということ自体が抽象的で、うまく言葉にできないもの**ですよね。

そこで、例題といきましょう。といっても、ただ**左にある「鼻とピース」の絵を5秒見つめるだけ**です。

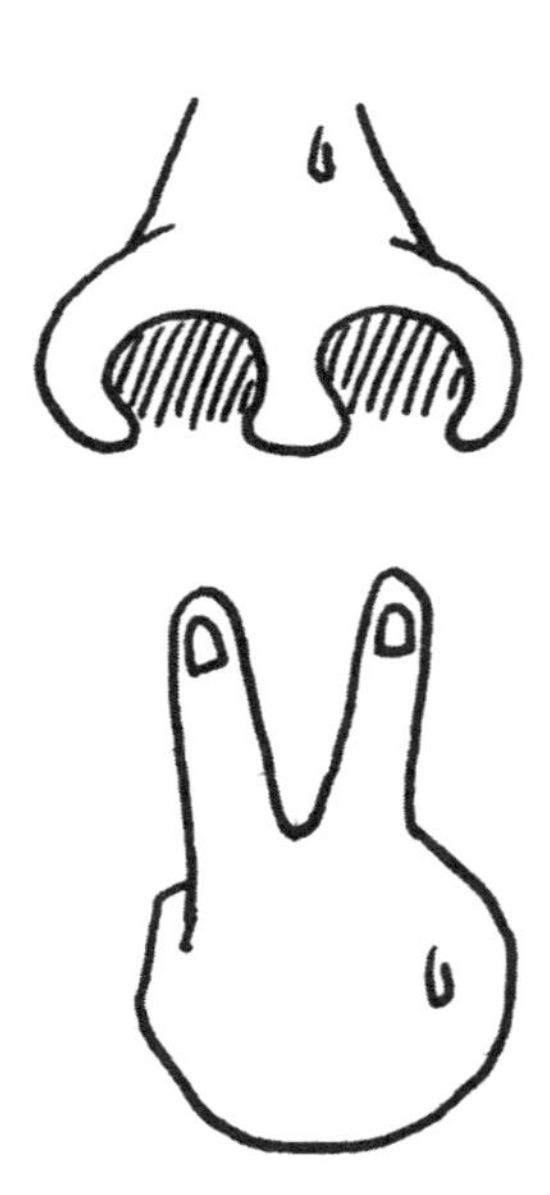

上の例題、出典はゲームです。数秒ごとに繰り出されるミニゲームを瞬時にクリアしていく『メイド イン ワリオ（任天堂、2003）』の名物ミニゲーム「いれろ！」を改題しています。

なぜでしょうね、ただ絵を見ていただけなのに、心は勝手に動いて、妙に鼻の穴の辺りが気になったりしませんでしたか？　そんな心の動きこそが、体験というものの本質です。

体験という言葉には「体」という漢字が入っていますが、体は関係ありません。**心さえ動けば、それは体験です。**

歴史に残る名作ゲームは、プレイヤーの心をどうやって動かしたのか？　この本は実際のゲームを分析しながら、体験デザインの本質へ迫っていきます。

ただし、この本のゲームに対する分析・議論の内容は、ゲーム会社さんの公式見解ではなく筆者独自の見解である点にご注意ください。ゲームはなぜおもしろいのか……その謎を解くための一筋縄ではいかない旅、ご一緒していただければうれしいです。

「鼻とピース」の絵は、なぜあなたの心を動かすか？　筆者なりのこたえは「おわりに」に書いておきますね。

著者は元・任天堂社員ですが、任天堂のゲームの内容についても、公式見解ではありません。ゲームのすごさ・素晴らしさを伝えたいと思い、この本を書かせていただいています。

さて。あなたを取り囲む無数の商品やサービスは、いったいどんな体験をデザインし、あなたに届けているのでしょうか？　その正体が見えてきたとき、そもそもの世界の見えかた、感じかた、人生の生き心地すら、変わってしまうかもしれません。

ひいては、誰かの心を動かしたい・わかってほしい・行動してほしい……そんなあなたの願いも、叶うかもしれません。

大げさでしょうか。でも私は、そんな願いを本当に叶えようと企んでいます。この本にも、体験デザインという考えかたを感じていただきやすいよう、無数のしかけを施しています。いろいろと妙なところがある本ですが、まずは難しいことは考えず、ただただ体験していただければ幸いです。

玉樹　真一郎

普通のビジネス書とちがう雰囲気の本なので、驚かれるかもしれません。しかし、そんな異なる雰囲気にも、デザイン的な意図があります。解説も準備してありますので、どうかご安心ください。

「ついやってしまう」体験のつくりかた　もくじ

第1章 人は なぜ「ついやってしまう」のか

第2章

人はなぜ「つい夢中になってしまう」のか

第  章

人はなぜ「つい誰かに言いたくなってしまう」のか

巻末2

体験デザインをより深く学ぶための参考資料

※お選びください！

この本は、冒頭から1ページずつ
読み進めていただくことで、
一歩ずつ理解できるようになっています。

一方、ビジネスや暮らしに応用できる
体験デザインのまとめと具体例は、
279ページ
「体験のつくりかた」の使いかた（実践編）
以降となります。

どうぞ、お好きな場所からお読みください。

※本書の内容は著者独自の考察であり、
本書で登場するゲームのメーカー及び制作者の見解とは異なるものです。
※本書には、ゲームの物語の核心が一部記載されています。
あらかじめご了承ください。

あなたにとって「心を動かしたい人」は、誰ですか？
仕事上のお客さん？　仕事仲間？　家族や友人？

この本では、あらゆる人の心を動かす方法を紹介します。
たとえば、こんな感じです。

1　**「つい」やりたくさせてしまう**

2　**「つい」熱中させてしまう**

3　**「つい」誰かに言いたくさせてしまう**

この「つい」こそが、体験デザインの持つ力です。
さぁ、心を動かす体験デザインの旅を、はじめましょう。

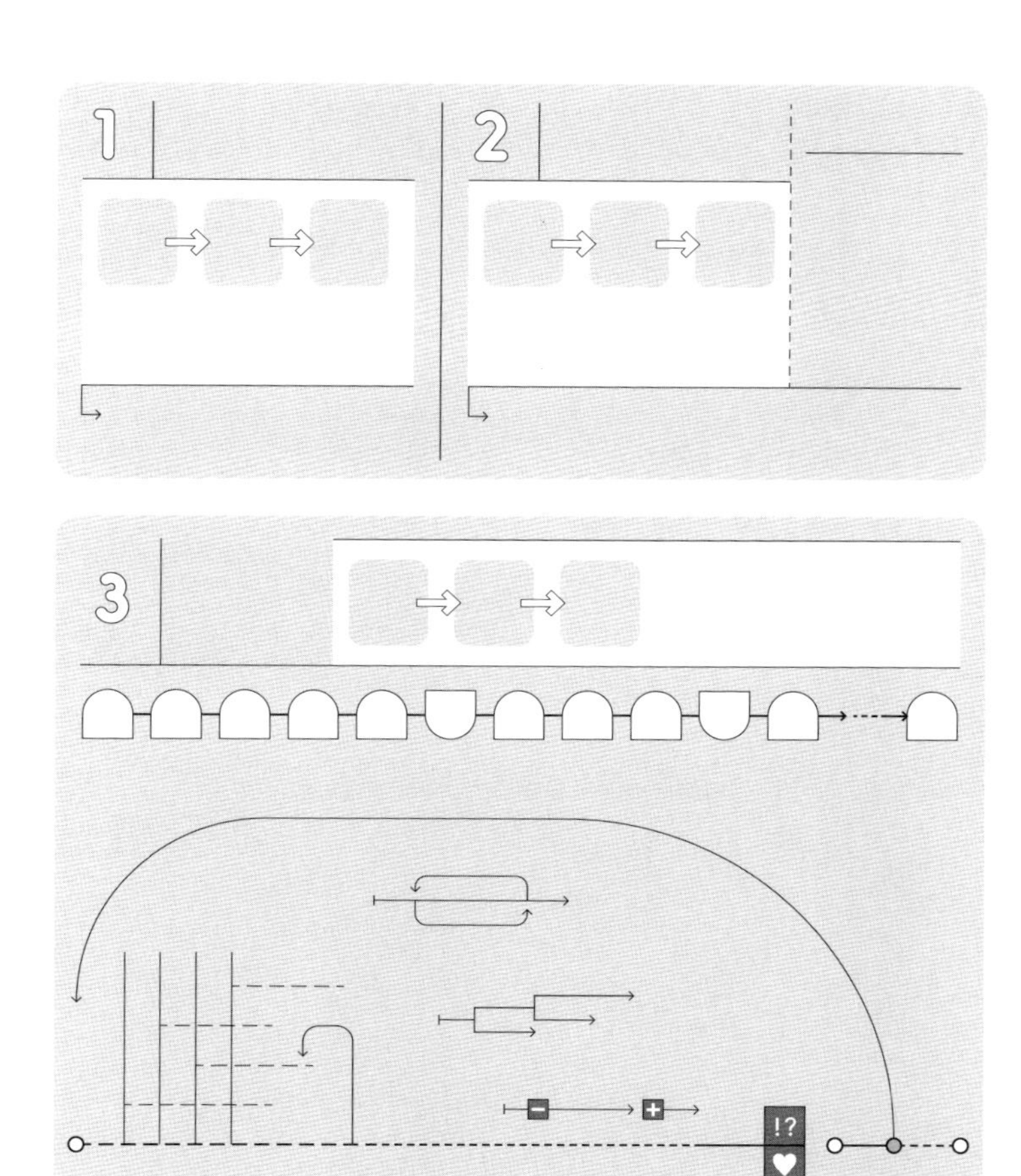

上の図は体験デザインの全体像です。
この本ではゲームを題材として、
1：直感のデザイン、2：驚きのデザイン、3：物語のデザイン
を順番にひもといていきます。

今はまだ「全体像」に説明はなく、枠組みだけです。
後ほどすべてが明らかになりますので、
楽しみに読み進めていただければと思います。

ぼくがいま　なんじなんぷんを　しめしているか

よめるように　なったかい?

MOTHER 2(1994, 任天堂)より　時計の言葉

第1章

人はなぜ「ついやってしまう」のか

直感のデザイン

コンピュータを用いたゲームが広く認知されるようになってから、数十年。ゲームの発展の中核を担ったゲームが、第1章で分析する『スーパーマリオブラザーズ』です。この本では、以下「スーパーマリオ」と略します。

この作品は、世界一売れたゲームとしてギネスブックに掲載されていました。まちがいなくゲームの歴史を代表する作品であることはみなさまご存知の通りですし、世界中でゲームの代名詞にすらなっています。

そんな歴史的作品の体験デザインを分析しながら、ゲームというものがどのようにして直感的な体験をつくり出しているかについて議論していきましょう。

直感的な体験についての議論は、やがて「人はなぜ、ゲームを遊ぶのか？」という本質的な問題へとつながります。

スーパー
マリオブラザーズ

Super Mario Bros.
1985 任天堂

体験デザインを解説するにあたり、この本はゲーム会社さんの著作権に配慮し、
実際のゲーム画面ではなく模式図で表現してあります。
実際のゲーム画面をご確認されたい場合は、著作権元が公式に公開している
ゲーム画像をご覧いただくか、実際にゲームをプレイしてみてください。

いったいどんなゲームが売れるんだろうね？　と聞かれたら、たいていの人はこんな風にこたえます。「おもしろそうなゲームが売れるんじゃないの？」。きわめて正論、当然のことに思えます。**おもしろそうなゲームが、売れる。**

ところで、スーパーマリオはギネスブックに載るほどに売れたゲームです。売れたということは、誰だってひと目で「おもしろそう！」と感じるはずですよね。

そこで実験です。素直そうな子どもたちを呼び集め、スーパーマリオ冒頭の画面を見せながら「おもしろそう？」とたずねてみました。すると子どもたちは、世界でいちばん売れたゲームに対して、あろうことか、こんなことを言うのです。

「おもしろくなさそう」

世界一売れたゲームが、おもしろくなさそう……おかしな話です。万が一にも、本当にスーパーマリオがおもしろくなさそうだとしたら、**いったいなぜ、スーパーマリオは世界一売れたというのでしょうか？**

スーパーマリオ冒頭（模式図）

とはいえ、単刀直入に「スーパーマリオはなぜ世界一売れたのか？」という問いについて考えるのは少々面倒です。ものが売れる理由について考えるためには、当時の時代背景のような込み入ったことまで考えなければなりませんから。そこで、あくまでゲームの体験デザインだけに注目するために、少し遠回りにはなりますが補助的な問いを設定したいと思います。

このゲームは、何をしたら勝ちでしょうか？

何をしたら勝ちか。これすなわち、このゲームでいちばん大切なルールですから、かつてスーパーマリオを遊んだことのある人なら全員即答できるはず……ですよね。しかし予想に反して、**この問題に答えられる方はほぼゼロという難問**でもあります。いくつか誤答例をあげながら、少しずつこたえに近づいていきましょう。

まずはじめに、こんな誤答からはじめましょう。マリオの宿敵で、最強のライバルで、最後のボスといえば……誰でしたっけ？

得点
0点
コイン
0枚
ワールド
1-1
残り時間
399

何をすれば
勝ち？

左下の模式図でマリオに立ちはだかっている**「クッパを倒せば勝ち」**。これこそがもっとも多い誤答です。いやいや、クッパはまちがいなくこのゲームの最後のボスじゃないか、誤答のはずがないと思われるかもしれませんが……。

たとえばサッカー。「ボールをゴールに入れれば得点」「ボールに手を触れてはいけない」といった基本ルールを知らなかったら、遊べませんよね。だから事前にちゃんとルールを伝えないといけません。大切なことは、最初に伝えなきゃ駄目。

一方スーパーマリオ冒頭では、**「クッパを倒せば勝ち」なんていっさいプレイヤーに伝えていません**。どこにもクッパのクの字もありませんよね。ということは、つまり。「クッパを倒せば勝ち」というルールは、ゲームの基本となるものではなく、枝葉でしかないんですね。同様の理屈で「クッパにさらわれたピーチ姫を助ければ勝ち」も誤答になります。

要は、**いちばん大切なルールはゲーム冒頭に真っ先に伝えていること**だということなんですが……このタイミングでよく出る誤答を４つ、一気にあげます。

スーパーマリオ冒頭

クッパ

得点を取れば勝ち、コインを集めれば勝ち、ワールドを進めれば勝ち、制限時間以内に何かをすれば勝ち。上部に描かれているこれら4つのこたえも、残念ながら誤答です。なぜでしょうか。

仮定として、あるプレイヤーが画面を見て「得点を取ることがいちばん大切なルールだ」と解釈した場合を考えます。当然ながら、その後プレイヤーはどうにかして得点を取ろうとするわけですが、そこで問題が発生します。そこには得点の存在こそ示されていますが、**得点を取る手段が表現されていない**のです。このままでは、プレイヤーは得点を取る方法がわからず、途方に暮れてしまうでしょう。

つまり、いちばん大切なルールとは、プレイヤーが瞬時に読み取れる**「自分は何をすればいいのか」という行動**でなければならないのです。スーパーマリオ冒頭は、いったいどんな行動を促しているのか？　それこそがいちばん大切なルールです。

それにしても、たくさんの誤答をあげてきました。クッパでもピーチでも、得点やらコインやらでもない。いよいよ難しくなってきたので……

上部に表示されている情報

ヒントといきましょう。

このゲーム、クッパをこんな風に倒します。斧を取って、鎖を切って、橋を落として、溶岩の池へクッパを落とす。つまり、**画面右端の斧を取れば勝ち。**ふーん、そうですか……と受け流さないでくださいね。おかしな点がふたつあるんです。

第一に、子どもが遊ぶゲームにしては倒しかたが地味だという点。実際子どもたちにゲームを企画してもらうと、パンチや爆弾といった派手な演出を好みます。それなのに、なぜデザイナーは地味な倒しかたを選んだのでしょうか？

第二に、そんな地味な倒しかたに貴重なデータを大量に割いている点。かつてのゲームは本当に少ないデータ量しか使えなかったのに、斧・鎖・橋・溶岩などに多くのデータを割いてまで**この倒しかたにこだわったのはなぜでしょう？**

考えれば考えるほど、おかしなデザインです。そこで、発想を転換してみたいと思います。デザイナーは「この倒しかたをしたかった」のではなく「地味だしデータ量もかさんでしまうけど、**この倒しかたにするしかなかった**」と。

画面右端の斧

クッパと出会うよりもはるか以前。プレイヤーはゲーム冒頭、いちばん大切なルールを無意識に感じ取り、**そのルールに従って冒険を続け、**やっとのことでクッパにまでたどりついたんですね。そのときプレイヤーは、何を考えているでしょう？無数のしかけをじっくりと観察し、すっかり意味を読み解いて「クッパを倒すために、斧を取って鎖を切って橋を落とそう」なんて、誰ひとり考えていません。

プレイヤーが考えていることはただひとつ、クッパに出会う前から信じ続けてきたいちばん大切なルールに従って行動すること……それだけです。だからこそデザイナーは、**プレイヤーがいちばん大切なルールに従って行動したとき、自然とクッパが倒されるようなしかけをデザインしなければいけなかった**のです。その結果として生まれたのが、「画面右端の斧を取る」という倒しかたです。

そうまでしてデザイナーが守らなければならなかったいちばん大切なルールとは、いったい何か。クッパの倒しかたは「画面右端の斧を取る」か……と頭の片隅で考えていただきながら、あらためてスーパーマリオ冒頭の画面を見てみます。

ゲーム冒頭で、プレイヤーはルールを直感した

直感したルールを信じ続けて、クッパにまでたどり着いた

スーパーマリオは何をすれば勝ちか。ここまでの議論で、以下のような誤答があげられました。

クッパを倒せば勝ち
ピーチ姫を助ければ勝ち
得点を取れば勝ち
コインを集めれば勝ち
ワールドを進めれば勝ち
制限時間以内に何かをすれば勝ち

ここで、少しでも違和感を持たれた方は鋭いです。これだけたくさんの誤答例をあげたのに、**このゲームでもっとも肝心なものが登場していない**のです。

このゲームの主人公、世界でいちばん有名なゲームキャラクター。いちばん目立っていて、真っ先にプレイヤーが注目するであろう、その人……

この画面でもっとも注目されるべき存在とは?

そう、プレイヤーから最大の注目を浴びるこのゲームの主人公・**マリオこそが、このゲームでいちばん大切なルールを伝えているはず**です。というわけで、ここであらためてマリオをじっくりと観察してみましょう。マリオの様子、マリオから読み取れる情報をことばにしてみてください。ちなみに僕（筆者）は、観察してことばにする作業を**ことばのデッサン**とよんでいます。

「赤い」。いいですね！　マリオをご存知の方なら「ヒゲが生えている」「帽子をかぶっている」なんてイメージをされた方がいるかもしれませんが、ここはひとつ、模式図から読み取れる情報でお願いします。……いやいや、模式図から読み取れる情報はもう無いよ！　と思われたかもしれませんが、まだまだあるんです。

マリオはどこにいますか？　「平らな地面の上にいる」「画面の**左**にいる」。
マリオは何をしていますか？　「立っている」「**右**を向いている」。

マリオは画面の**左**の端にいて、**右**を向いています。そんなマリオが伝えていることとは何でしょう？　残りのヒントも2ついっぺんに出してしまいましょう。

マリオを「ことばのデッサン」してみると

ひとつめ。画面左に高い山。**左に壁があり、塞がっている**ような印象です。

ふたつめ。画面右には、明るい黄緑の草と、真っ白な雲。どちらも明るい色で目を引いて、**プレイヤーの視線を右へ右へ**と引っ張ろうとしているようです。

おまけに、もうひとつ。模式図では表現されていませんが、確かにマリオはヒゲに帽子です。ではなぜ、マリオにはヒゲに帽子なのでしょう？　理由は、顔がどちらを向いているかをわかりやすくするため、と推測できます。帽子はまだしも、子ども向けのゲームの主人公にヒゲなんて、普通に考えると不思議です。しかし、デザイナーは**「マリオは右を向いている」ことをプレイヤーに意識させたかった**としたら、逆に納得のデザインですね。

もうおわかりでしょうか。いよいよ次ページがこたえとなりますので、最後にあらためて問います。ぜひあなたのおこたえをご準備ください。

このゲームは何をしたら勝ちか。このゲームのいちばん大切なルールとは？

山、草、雲

こたえは**「右に行く」**。これこそ、このゲームのいちばん大切なルールです。広大な世界を駆けめぐるマリオも、実は、右に行っているだけなんですね。

プレイヤーはゲーム冒頭にそのルールを直感し、当たり前すぎて言葉にできないほどに深く理解し、信じてすらいます。プレイヤーが「右へ行く」を信じている証拠は、クッパと戦うときの行動に見てとれます。

クッパにたどりついたプレイヤーは、周辺の斧・鎖・橋・溶岩といったしかけの意味なんてわからないまま、それでもなお「右へ行けば、なんとかなるはず」と信じ、死ぬことすら厭(いと)わずに右へ右へと進もうとします。それほどまでに強く、プレイヤーは「右へ行く」ことを信じているのですね。

しかし、ここでひとつ疑問が浮かびます。**なぜプレイヤーは「右へ行く」というルールをこれほど強く信じているのでしょう？** いったいデザイナーはどんな魔法のデザインを使って、プレイヤーにルールを信じ込ませたのでしょう？ 秘密を解き明かすために、そろそろマリオを一歩右へと進めてみましょう。

右へ行く

マリオを右へ進ませると、このゲーム最初の敵・**クリボー**が登場します。右の端から怖い顔で現れたクリボーは、マリオがいる左へと横歩きで迫ってきます。

ところで……なぜクリボーは横歩きなんですかね？　横に歩く生き物はせいぜいカニぐらい。生き物としてかなり不自然なのに、なぜデザイナーはクリボーを横に歩かせたかったのでしょうか。その理由は「怖い顔を正面から見せて、自分は敵であることをはっきりとプレイヤーに伝えるため」でしょう。**いかにデザイナーが情報伝達に徹しているか**がわかります。

さて。ここでひとつ重要な問題を出させてください。**クリボーを発見したときのプレイヤーの気持ちをお答えください**。先に申し上げておきますが、この問題は相当な難問です。もしわからなくても、お気軽に読み進めてくださいね。

それにしても、この本にはたびたび「プレイヤーの気持ち」が登場します。しつこいですが、体験デザインを考えるためには仕方のないことなんです。

クリボー登場

「〇〇の気持ちを答えよ」。なんだか国語の問題みたいですが、言ってみれば**体験デザインとは人の気持ちを考えること**です。デザイナーはいつだって、プレイヤーにどんな体験をさせるか、どう心を動かすかを考えねばなりません。

さて、プレイヤーはクリボーの怖い顔を見た瞬間「これは敵だ」と理解します。敵を見て感じることは何かという問いになると、回答はだいたい2パターンに収まります。第一に、敵から身を守りたい、避けたい、死にたくない……**防御タイプ。**第二に、敵に手を出したい、近づきたい、やっつけたい……**攻撃タイプ**です。

しかし、残念ながらいずれも誤りです。デザイナーはプレイヤーを怯えさせたいわけでも、プレイヤーの攻撃性を引き出したいわけでもありません。とどのつまりデザイナーは、最終的にはプレイヤーを楽しませたいんです。

そこで、発想を転換してみます。クリボーを発見したとき、それが敵にもかかわらずプレイヤーはよろこぶのだ！　と、結論から決めてしまいましょう。**プレイヤーはクリボーを見て、よろこびます。**その理由を考えていただきたいのですが……

クリボーを発見したときのプレイヤーの気持ちは……

敵と遭遇してよろこぶなんて、そんなバカな！　と思われるかもしれませんね。でも、ちゃんとした理屈があるんです。ポイントは、**プレイヤーがクリボーに出会う前の気持ち**です。さっそく整理してみましょう。

ゲーム開始直後、プレイヤーはマリオの向きや位置、山や草や雲などを眺めながら、なんとなく「右へ行くのかな？」と仮説を立てました。でもこの時点ではあくまで仮説でしかありません。大きな字で「右へ行け」と書いてあるわけではありませんから、仮説には正しいはずだという**確証も自信もありません。**

やがてプレイヤーは、意を決して右へ行きます。しかし、繰り返しますが、プレイヤーはあくまで「右に行くことが正しいかどうかわからない」状態ですから、**内心は不安なまま**です。その直後、右から出てきたクリボーに気づきます。右に行くという行動が正しいかどうかという不安の中、クリボーに出会ったら……

さあ、あらためて問います。クリボーを見つけたプレイヤーがよろこぶ理由とは？

プレイヤーは「右へ行く」という仮説を立てた

不安のまま右に進んだら、クリボーが出てきた

こたえは「右へ行って正解だった！　と、よろこぶ」です。右に歩いている間のプレイヤーは、仮説が正しいかどうかわからない、右へ行くのが正解かどうか早く確かめたい！　という不安な心理状態になっています。だからこそ、発見したものがたとえ敵であろうとよろこんでしまう、というわけですね。

このこたえ、何だかちょっとイラッとするといいますか、卑怯（ひきょう）な感じがしませんか？　この問題は、クリボーを見ているだけでは、まず解けません。大切なのは、クリボーが登場する前、プレイヤーがどんな気持ちだったのか……いわば心の文脈です。**心の文脈こそが体験の意味を決めている**んですね。

さて。そもそも考えていたのは「なぜプレイヤーはこれほどに右へ行くことを信じられるのか？」という問題でしたが、この問題を解く鍵は、クリボー発見までの一連の体験にあります。

右に行くのかなと**仮説を立てて、不安の中で実際に試してみて、仮説が当たってよろこぶ**。ここでの一連の心の動き、流れについて、整理してみましょう。

右へ行くことが正解かわからず不安だったので……

……敵だろうが関係なく、出てきただけでよろこぶ

1 仮説 自発的に「◯◯するのかな?」という仮説を立てる。
※ただし、プレイヤーには仮説が正しいかどうかわからない。

2 試行 自発的に「◯◯してみよう……」と試しに行動を起こす。
※ただし、プレイヤーには試行が正しいかどうかわからない。

3 歓喜 自発的に「◯◯で正解だった!」と歓喜する。
※ここではじめてプレイヤーは仮説・試行が正しいと確信する。

仮説を立て、試行し、歓喜する。マリオの冒頭からクリボー登場までの**わずか数秒の間にも、プレイヤーの心は実にこれだけ動いていたん**ですね。逆にデザイナー側から見れば、わずか数秒の間にこれだけの体験をデザインしているんです。

驚くべきは、デザインの精密さだけではありません。この一連の体験を経たプレイヤーは、ここで学んだ「右へ行く」というルールを、深く深く信じます。どれほど深くかといいますと……**死ぬまで信じます**。それだけ信じてもらえれば十分ですよね。しかしなぜ、そんなに深い信頼が生まれるのか? その理由はこうです。

ほんの数秒

あなたは自転車に乗れますか？

突然ですが、あなたは自転車に乗れますか？　……え？　普通に乗れますけど？
なんて何の不安もなく自信を持って言えるみなさんへ、質問です。

あなたの自転車の乗りかたは、本当に正しい乗りかたなんですか？

あらためて質問されると、なんだか妙に不安になりそうな話です。自転車の乗りかたをプロに習ったりは……きっとしていませんよね。それなのに、なぜさっきのあなたはあれほどに自信を持っていたのでしょう？

こたえは、**あなた自身が自身の力で自転車の乗りかたを体得したから**です。自分で学び、自分でできるようになったことは、自信が持てますし、疑いません。
一方で、自ら体得する体験をともなわず、人から教わった知識だけのことには、なかなか自信を持てないものです。たとえばあなたがまだ自転車を練習していた頃、誰かが「もっとスピードを出せば転ばないのに！」とアドバイスしたとします。あなたはその言葉を信じて、スピードを出せるでしょうか？

「スピードを出せ」なんて危険なアドバイス、きっと信じられないはずです。スピードを出したら転んだときに余計痛いし、怖い！　なんて考えて、意地でもスピードを出さないはずです。しかしそんなつらい練習の最中たまたまスピードが出て、たまたま数メートル進めたら？　そこであなたは直感します。もしかしてスピードを出せば転ばないのかな、試してみようかな……進めた！

このように、**仮説→試行→歓喜**という自発的な体験を通して理解した自転車の乗りかたは、もはや一生疑う必要のない真理として血肉となることでしょう。逆に言えば、あなたはもはや「あなたは自転車が乗れる」ということを疑えません。みずからの五感・知性・意識をフル活用し、みずから努力してこの世界から見つけ出した真理を疑うことは、自分自身を疑い否定することになってしまいますから。

自発的に学んだことは、一生否定できないほどに深く信じる。自転車の練習と同様に、スーパーマリオを遊ぶプレイヤーも、自発的な仮説→試行→歓喜という体験を通して「右へ行く」ことを直感し、信じるんですね。

人に言われても、信じられない

さて。ここまでのお話をまとめましょう。一連の体験を通してプレイヤーに情報を伝える……そんな体験のデザインを**「直感のデザイン」**とよぶことにしましょう。

仮説　「〇〇するのかな？」と相手に仮説を立てさせる
試行　「〇〇してみよう」と思わせ、実際に行動で確かめさせる
歓喜　「〇〇という自分の予想が当たった！」とよろこばせる

直感のデザインの成果は、**プレイヤーが自身の力で直感的に理解するという体験そのもの**ですが、もうひとつ重要な成果があります。

直感のデザインをひととおり体験すると、プレイヤーは最終的に歓喜することになります。要は、よろこんでうれしい気持ちになったわけですが……ここで質問です。プレイヤーは、あるゲームをやったらうれしい気持ちになりました。そんな気持ちにさせてくれたゲームを、プレイヤーはどう評価するでしょう？

「このゲーム、〇〇〇〇！」

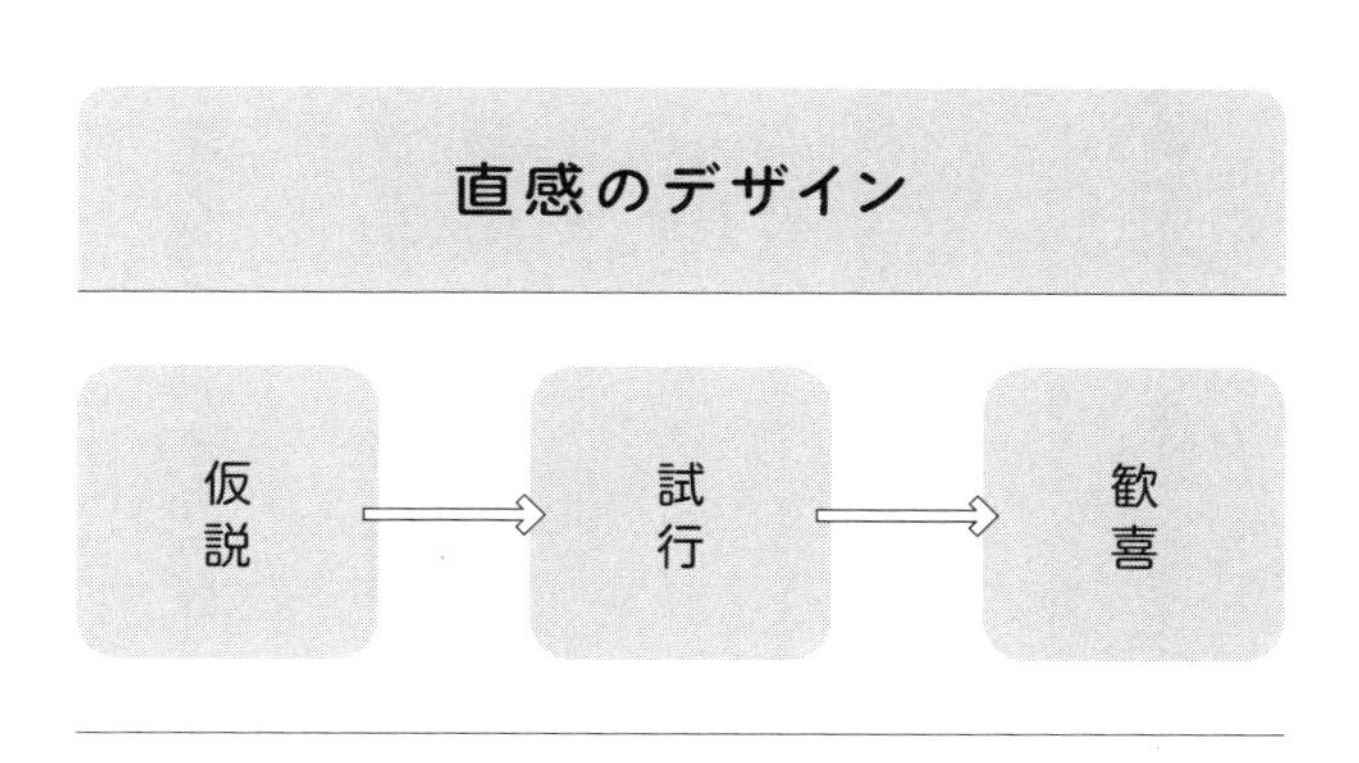

直感のデザインの模式図

こう評価するしかないのです、**「このゲーム、おもしろい！」**と。直感のデザインは、情報を直感的に伝えるのみならず、おもしろいと感じさせるというもっとも重要な機能も担っているのです。**直感的にわかるものは、もはやおもしろい**のです。

これほどまでに強力な直感のデザインですが、**実際にデザインするのはたいへん**です。第1ステップ・仮説の体験をつくるためには、プレイヤーが自発的に「〇〇するのかな？」と仮説を持てるようなデザインを考えなければいけません。

同様に、第2ステップ・試行の体験も、第3ステップ・歓喜の体験も、プレイヤーが自発的に「〇〇してみよう」「仮説は正しかったんだ！」という気持ちになってくれるようなデザインが必要となります。

頭ごなしに「さぁ仮説を持て！　試行しろ！　それでよし！」と命令・指示することなく、あくまで自発的な体験を生み出すようなデザインを考える……正直なところ、かなり難しいことのように思えます。でも、大丈夫です。**ただひとつの原則**があります。ここで再度、スーパーマリオ冒頭の画面に戻ります。

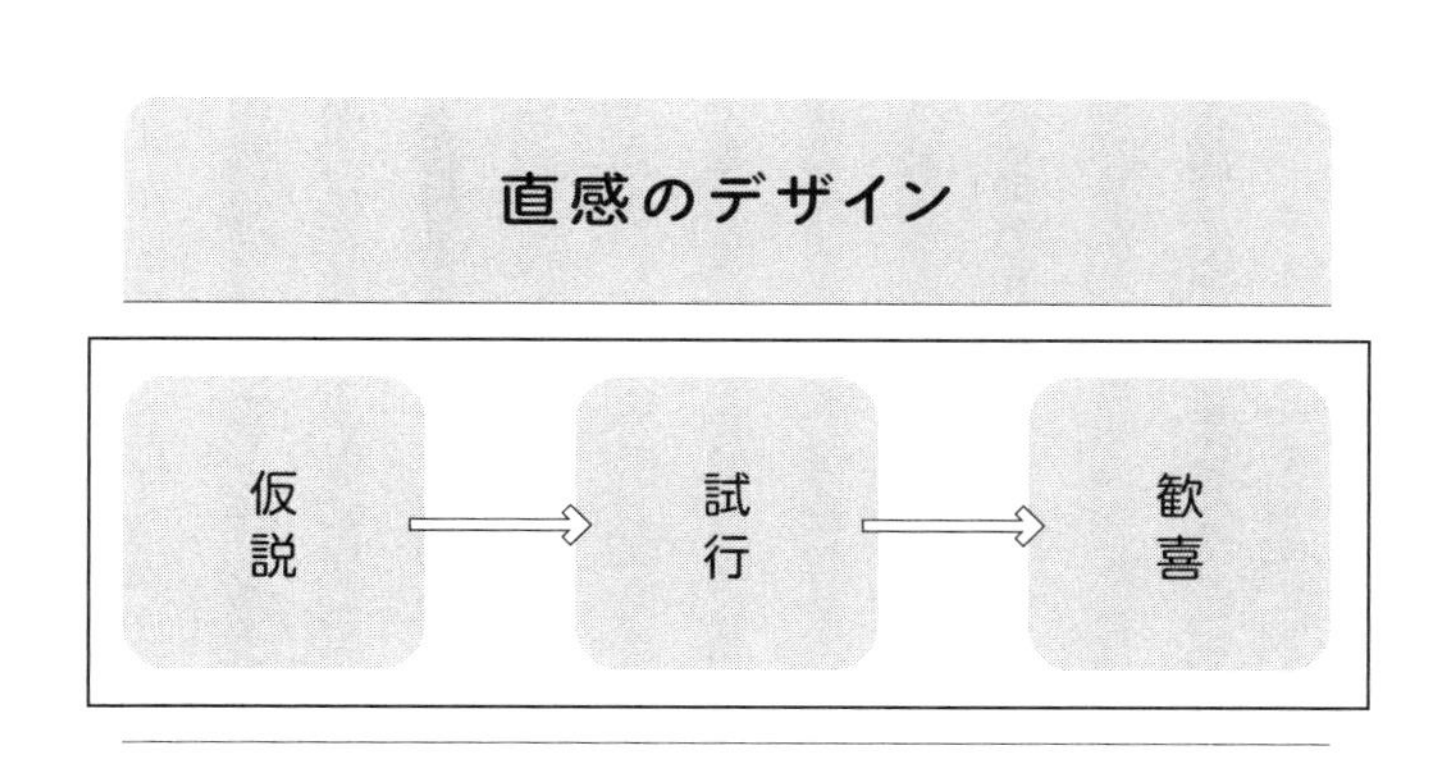

実際に個々の体験をデザインするとき、どんな原則に従えばいい?

私たちは無意識に、目の前の世界から無数の情報を受け取っています。スーパーマリオなら、マリオは右を向いているとか、左に山がある、などですね。プレイヤーの脳はこういった情報から「右に行けそうだ」という仮説を組み上げていくわけですが、そこでプレイヤーは無意識に、あることに気づきます。今自分が持っているコントローラに、**明らかに右に行けそうなボタンがある**ことに。

ばかばかしい話かもしれませんが、そんな右ボタンの存在に気づいてしまったら、もはやプレイヤーはボタンを押さずにはいられません。みずからの仮説がたったひとつのボタンを押すだけで確認できるとわかった以上、プレイヤーは右ボタンへと向かう気持ちに抗えないんですね。プレイヤーは自身の脳が思いついた「右に行くのかな?」という仮説に**強制的に従わされてしまう**のです。

ゲームはおもしろいから遊ぶのではありません。「つい思いついちゃった、ついやっちゃった」から遊ぶんです。私たちの脳はいつだって仮説を探し求め、試行させようとします。例題を出してみましょう。

明らかに右に行けそうなボタンがある

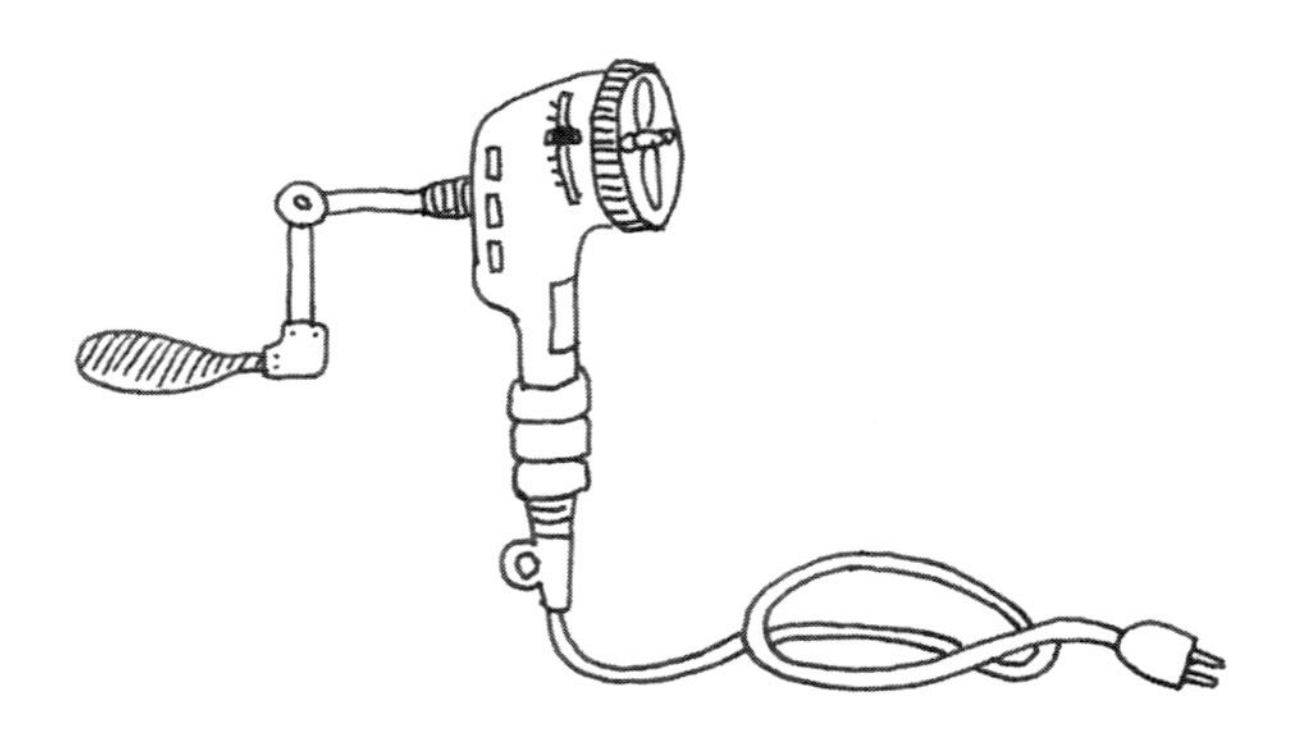

謎の機械

右の絵をご覧ください。よくわからない謎の機械が描かれていますが、この絵を見ながらどんなことが頭に思い浮かぶか、ご自身のイメージを確かめてください。

†

おそらくみなさんは、こんなことをイメージされたはずです。「ハンドルをまわすのかな?」「コンセントに差し込むのかな?」「ここを持つのかな?」。確認しておきますが、僕はみなさんに一言も「この機械はどう使うものなのか考えよ」なんて伝えていません。でもみなさんは「どう使うか」を考えてしまいましたよね?

この実験は、私たちの脳にある性質があることを示しています。**私たちの脳は、常に「〇〇するのかな?」という次の行動について仮説をつくりたがっている。**

この考えかた、実はすでに学問的に整理されています。心理学や認知科学で用いられている**「アフォーダンス」**という考えかたについて説明させてください。

アフォーダンスのもともとの定義は「環境が動物に与える意味」……なんだか難しいので思い切って噛み砕くと、**あなたが何かを見たときに思い浮かぶ「◯◯するのかな?」という気持ちのこと**です。

ただし、人間のあなたが謎の機械を見れば「◯◯するのかな?」が思い浮かびますが、同じものを犬が見たところで、きっと何も思い浮かばないでしょう。認識されるもの(謎の機械)と認識するもの(あなたや犬)の両者がそろって、はじめてアフォーダンスは成り立ちます。

くわえてもうひとつ、アフォーダンスとセットとなる考えかたに**「シグニファイア」**があります。アフォーダンスを伝えるために特化した情報のことで、スーパーマリオであればマリオの形状や位置・山や草などが該当します。いや、正確には、画面のほぼすべてがシグニファイアだといっていいでしょう。

アフォーダンスとシグニファイア。このふたつの考えかたを使えば、本章はじめの**「子どもはスーパーマリオをつまらなそうだと言う」理由**も説明できます。

アフォーダンス

「○○するのかな?」という気持ち

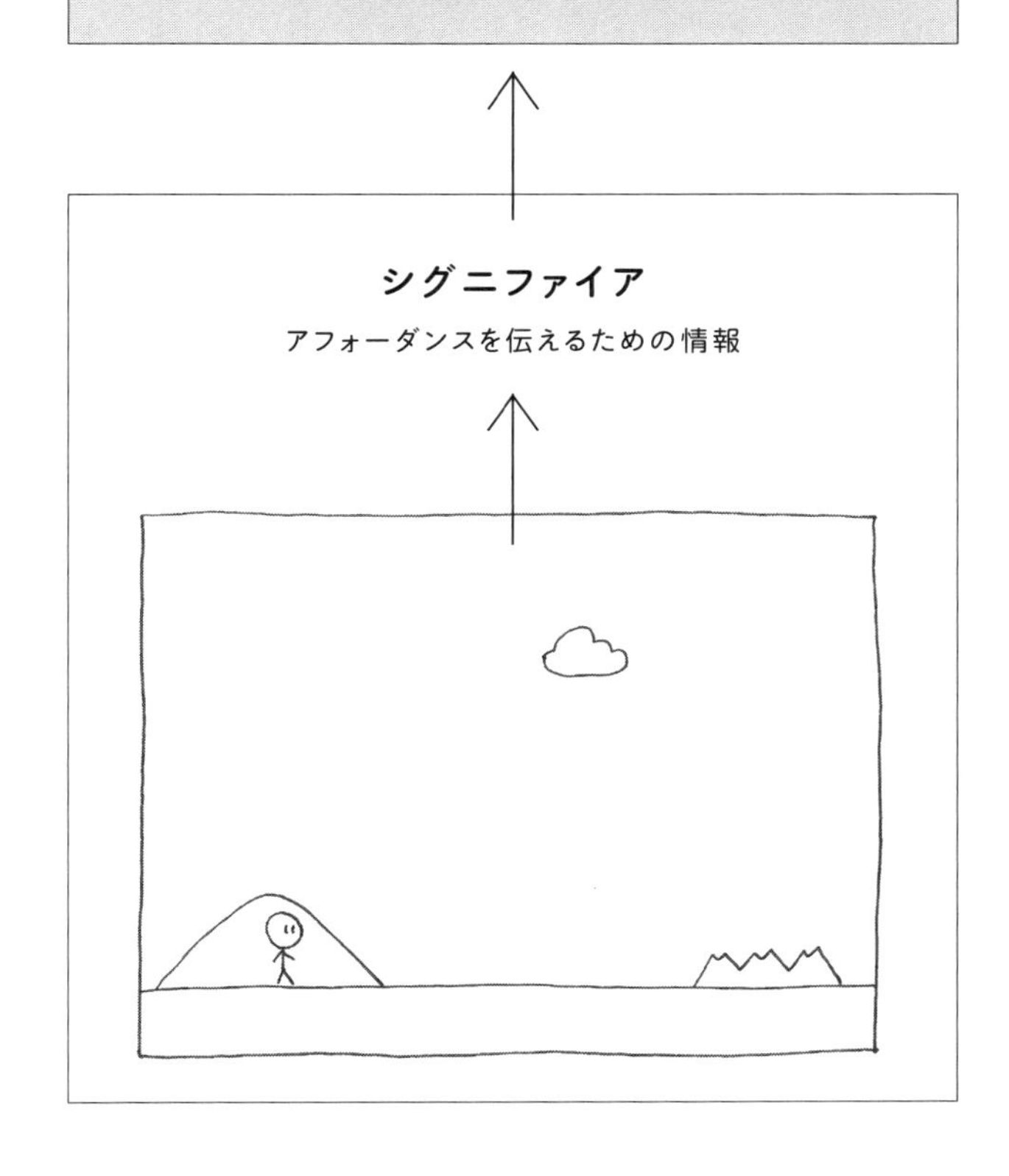

スーパーマリオ冒頭は、「右へ行く」というアフォーダンスを伝えるためのシグニファイアで埋め尽くされています。裏を返せば、アフォーダンス以外は伝えないという選択をしています。ここで犠牲になったのはほかでもない、このゲームはおもしろそうだと伝えること。デザイナーは、右へ行くことを何よりも先に伝えたかったからこそ、**おもしろそうだと感じさせることすら捨て去ってしまった**ようです。

スーパーマリオはおもしろそうかと子どもたちに訊ねる実験をしたとき、実はもうひとつの実験をしていました。スーパーマリオを見せるだけで、おもしろそうかと**訊ねないとき、子どもたちは自発的に「右に行こう!」と叫んだ**んです。

誰かに命令・指示されることもなく、目の前のゲームがおもしろいという確証すらないままに、自然と直感し、遊びはじめてしまう。ゲームが持つ力をありありと証明する事例で、まさにゲームの真骨頂、感動的ですらあります。

デザイナーは、自らの意思でいくらでも豪華に演出できたはずです。飾れば飾るほど、プレイヤーにいくらでもよい印象を持たせられます。しかし……

「おもしろそう」と思うよりも前に「右へ行く」を想起させる

飾れば飾るほど、いちばん大切な「右に行くのかな?」というアフォーダンスを伝えるためのシグニファイアが覆い隠されてしまいます。だからこそ、デザイナーはあらゆる虚飾を排除しなければなりません。おもしろそうだと思わせることすら捨て去って、**プレイヤーが何をすればよいか**を伝えることに集中する。これこそデザイナーに求められる最大の試練だといえます。

ゲームという商品を企画するとき、**デザイナーはいつだって「プレイヤーに認められなかったらどうしよう」という不安に駆られます。**不安に負けてしまったデザイナーは、ゲームをゴテゴテと無駄に装飾してしまうでしょう。その結果としてでき上がるのは、何をすればよいかもわからないゲーム、要はダメなゲームです。

しかし、スーパーマリオはちがいます。きっぱりと「右へ行く」だけを伝えることができたからこそ、世界中の人々が冒険の第一歩を踏み出せたのです。

いや、この話は冒険の一歩目に限ったことではありません。いつだって、直感のデザインはプレイヤーを冒険の先へ先へとやさしく導いていきます。

自分がつくったものを、お客さんにけなされたくないし、
無視されたくもない。とにかく自分がつくったものを嫌われたくない。
一瞬たりとも嫌われたくないし、この世界にいる人誰ひとりにだって、嫌われたくない。
だって、自分がつくったものを否定されることは、自分自身が否定されることと同じだから。
嫌われる悲しみも、プライドが折れる痛みも、絶対に避けたいんだ。
そうだ、商品を豪華に飾ろう。見た目を美しくカッコよくしよう。
音も豪華にして、アニメーションをあちこちに配置しよう。
この商品はよくできていますよ、ド本命の商品ですよ、まちがいないですよ、
お金かかってますよって伝えよう。そうすれば、僕は誰からも永遠に嫌われずに済む。
大体ゲームは遊ばなきゃおもしろさがわからない。
手間暇をかけるものだからこそ、遊ぶ前から嫌われてたら、
好きになってもらうなんて絶対に無理だよな……。
だったら、ユーザが遊ぶときよりも前、SNSやメディアに流れる画面写真の
豪華さのほうがよっぽど重要じゃないか？
きっと僕の上司や同僚もよろこんでくれるはず。やっぱりそうだ。
豪華に飾りさえすれば、僕の不安は消せるはずだ、
不安は嫌いだ……

右に歩くと、まずクリボーや「?」と描かれたブロックが登場します。さらにはキノコ、土管、地面の穴、コイン……。そのたびにプレイヤーはアフォーダンスという仮説を抱き、試行し、歓喜します。その様子は、まるでどんぐりを拾い集める子どものようです。一歩進むたびに、次のどんぐりが見えてきます。ひとつどんぐりを発見しては拾い上げるという体験の、数珠つなぎ。……**直感のデザインの連続、**これこそが体験をデザインする際の基本戦略であり、基本構造です。

個々の直感のデザインには必ず歓喜が含まれているので、プレイヤーは直感の体験を通り抜けるたびに少しずつテンションを上げていきます。そのままテンションが上がり続け、**ある一点を超えたとき、プレイヤーは意識的に「おもしろいな、これ」と自覚できるようになる**わけですが……その瞬間こそ、デザイナーのゴールです。

そんなゴールにたどりつくために、デザイナーは直感のデザインをつないでいくわけですが、ただつなぐだけでは、うまくいきません。そこで、直感のデザインをつないでいくときのポイントについて見ていきましょう。ポイントは3つです。

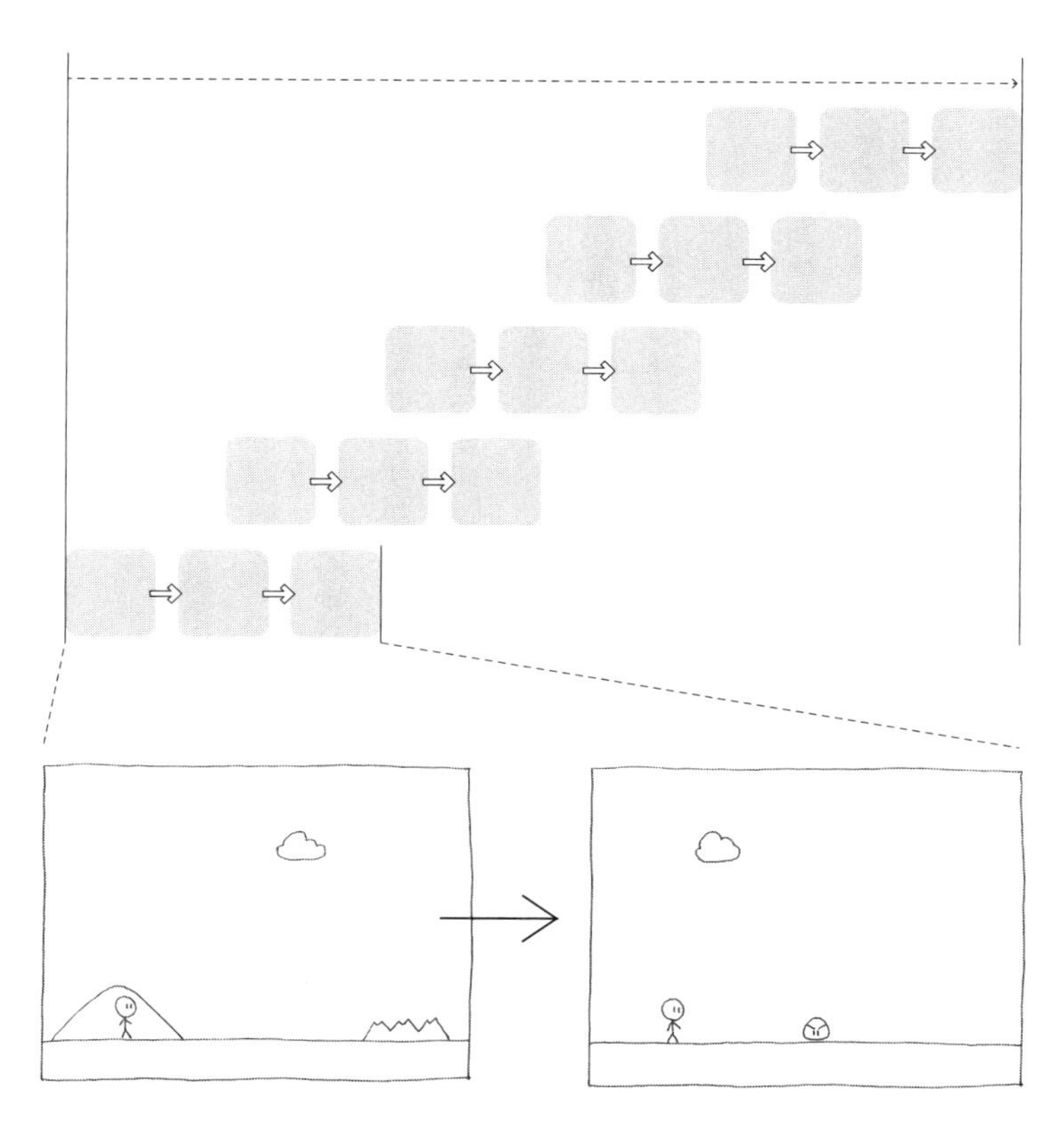

直感のデザインの連続

ひとつめのポイントは、ある程度長い時間を直感のデザインで埋めることです。たとえば、みなさんが何かゲームを遊びはじめたとして、**最短何分で「おもしろい！」と意識できるでしょう？**　早くても数分、遅ければ数十分は必要なはずです。それだけの時間を直感のデザインで埋めなければいけません。

ふたつめのポイントは、ひとつずつの直感のデザインが短く完結することです。直感のデザインは仮説から始まりますが、仮説はそれが正しいと確かめるまでの間、プレイヤーを不安にさせてしまいます。たとえば、マリオをどれだけ右に歩かせても真っ平らで何もない地平線が続くだけだとしたら？　プレイヤーはまちがいなく不安に陥り、**せいぜい10秒程度でゲームを止めてしまう**でしょう。だからこそ、個々の直感のデザインは、できるだけ短時間にすべきなんですね。

そして3つめのポイントは、個々の直感のデザインにおいて、プレイヤーが歓喜の体験までたどりつく確率を高めることなのですが……ここはひとつ、実験で感じていただきましょう。ページをめくると、**見開き右側のページに、とあるものが書いてあります**ので、それをじっと見るだけの実験です。では、参りましょう。

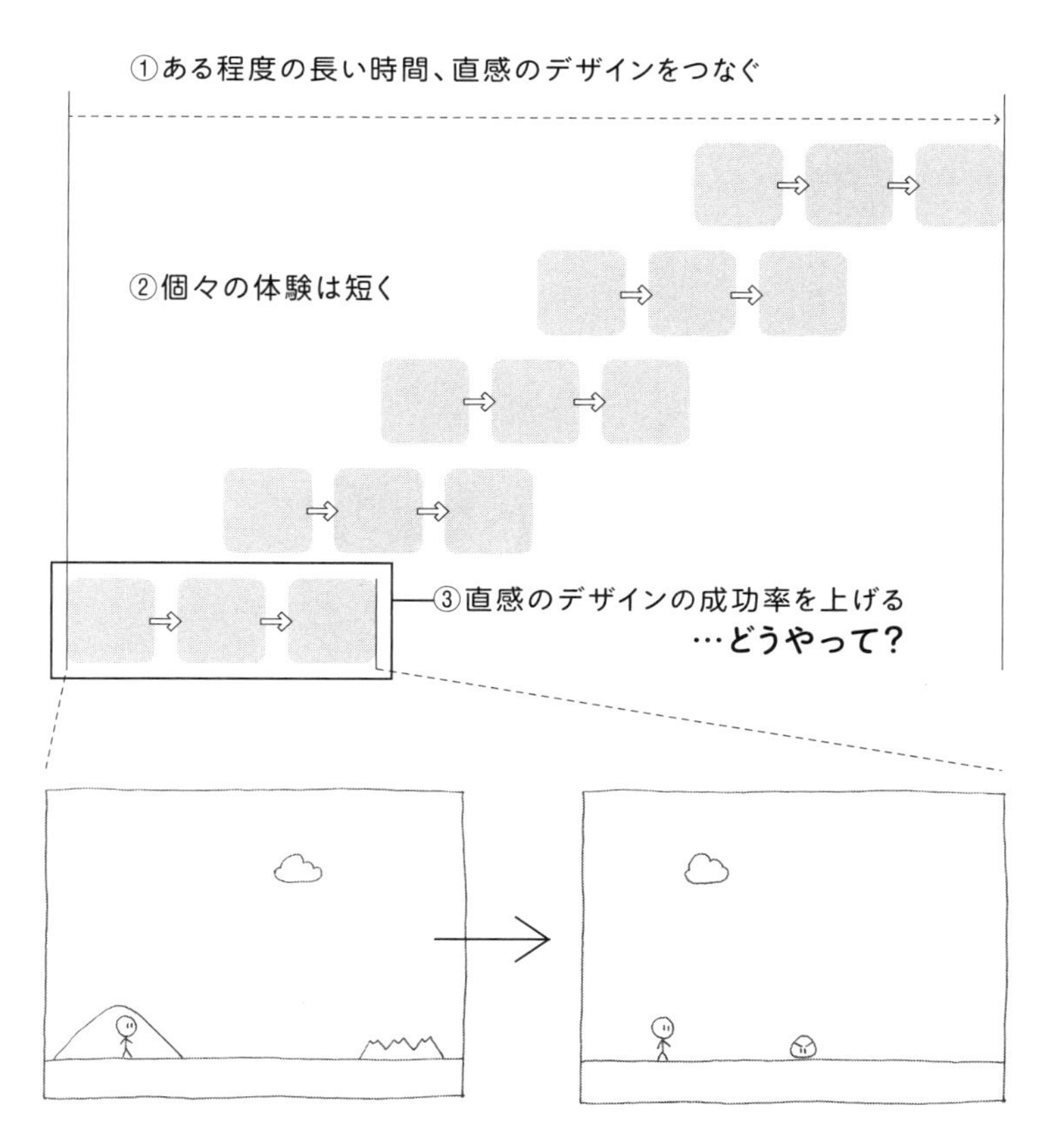

直感のデザインをつないでいく3つのポイント

$$1+1=?$$

※上記を5秒以上じっくりと見つめてから
左ページ本文をお読みください

ご協力ありがとうございます！

さて、ここであらためておたずねします。右ページの内容を眺めながら、頭の中に何が思い浮かびましたか？　たいていの方は、**無意識に「2」をイメージされたはずです**。いかがでしょう？

念のため確認しておきますが、私は**一度も「計算しろ」なんてお願いしていない**んです。にもかかわらず、なぜかみなさんは勝手に解いてしまったようですね……不思議ですね。

「くだらない実験だな」と感じられた方もいらっしゃるかもしれませんが、ちょっとお待ちを。この実験には続きがあります。次のページにも、ふたつほど何かが描かれています。右ページの実験と同じ要領で、じっくりと眺めてみてくださいね。

では、いざ、参りましょう。**（解けとは言っていませんよ、念のため）**

$$28 \times 4 = ?$$

$$39271 \div 23 = ?$$

上の問題、絶妙な難易度で誘ってきますよね……やっぱり計算してしまいましたか？　解いてしまう人もいれば、「解かないように、解かないように……」と心で歯を食いしばった方もいらっしゃるでしょう。

一方、**下の問題はきっと誰も解かなかった**のではないでしょうか？　暗算が得意な人ならまだしも、たいていの人は解こうという気すら湧かなかったはずです。どれだけ見つめても、解く気が起きません。

この実験を通して、みなさんの心に何が起きたのでしょうか。出題した3問は、いずれも同じ、単純な計算問題です。しかしながら、ほぼ全員が無意識に解いてしまう問題もあれば、ほぼ誰も解こうとすらしない問題もありました。**同じ計算問題が私たち人間の行動をここまで変えた**んです。これはいったい、なぜでしょう？

当たり前過ぎて言葉にしにくいかもしれません。１＋１は解こうと思えて、３９２７１÷23を解こうとは思えない理由、それは……

人の行動を変えているのは、**シンプルで簡単であるかどうか**です。目の前にあるものが、十分にシンプルで簡単であるなら、人は勝手に解いてしまいます。逆に目の前のものが複雑で難しいと感じたとき、人は解こうとしません。

左のページに描かれているものだって……あぁ、どうしても解いてしまいますよね(笑)。解けと指示もされていなければ、こんな問題を解いたところで楽しいわけでも、得があるわけでもないのに。

直感のデザインの第1ステップ・仮説という体験の成功確率を上げるためには、**体験そのものをシンプルで簡単にすることが絶対的な条件**です。その点、スーパーマリオ冒頭の画面は言うまでもなくシンプルですし、誰もが当たり前のように「右に行くのかな?」と思えるほど、簡単な問題に仕立ててありましたよね。

シンプルで簡単であるからこそ、仮説が持てる。直感のデザインの第2ステップ「試行」でも同様に、シンプルで簡単なことが鍵になります。

原則	シンプルで簡単な体験で「直感」させる

○川家康

プレイヤーが正しい仮説を抱き、かつ正しく試行する確率を上げるためには、「右に行くのかな?」というアフォーダンスをひとつだけ明確に思い浮かばせる必要があります。その点、コントローラの十字キーはきわめて重要です。どう見ても、明らかに、上下左右を入力するためのものである十字キーが、目の前にある。そんな認識が、プレイヤーの仮説を実際に試行させる力に変わります。

右へ行くというアフォーダンスは、ゲーム画面だけから生み出されているのではありません。ファミリーコンピュータというゲーム機、十字キーのデザインがシンプルで簡単だったからこそ、ゲームとゲーム機が一体となってアフォーダンスを伝えることに成功したんですね。

直感のデザインを成功させるための鍵は、シンプルで簡単にデザインするという原則です。複雑で難解なものなら、実は誰でも簡単につくれます。**シンプルで簡単なものをつくることこそ、難しいものです。**ゲーム業界が積み上げてきたものは、まさにシンプルで簡単なものをつくるための苦難の歴史でした。

ゲーム画面とコントローラが一体となってアフォーダンスを伝えている

かつてのゲームは技術的な制約のため、ひとつの画面の中に敵も味方もすっぽり収まっていました。ずいぶんと狭い世界だったんですね。しかし、その制約を取っ払って画面全体を上下左右に動かす技術が生まれました。「スクロール」という画期的な新技術です。おかげでゲームは広々とした世界を手に入れました。

しかし、スクロールという新技術には問題もありました。画面がどの向きにスクロールするのか、**スクロール方向をプレイヤーに伝えなければいけなくなった**のです。解決策はふたつあります。ひとつはゲーム開始時から決まった方向に画面をスクロールさせる方法。そしてふたつめが、プレイヤーにスクロール方向を気づかせる方法……スーパーマリオにおける解決策ですね。

スクロールという新技術も、ユーザが使いこなせなければ意味がありません。難しい技術をシンプルで簡単にする。新技術をデザインでわかりやすく遊べるようにするところに、デザイナーの知恵はあります。

ゲームにおける技術とデザインの二人三脚、もうひとつ例をあげましょう。

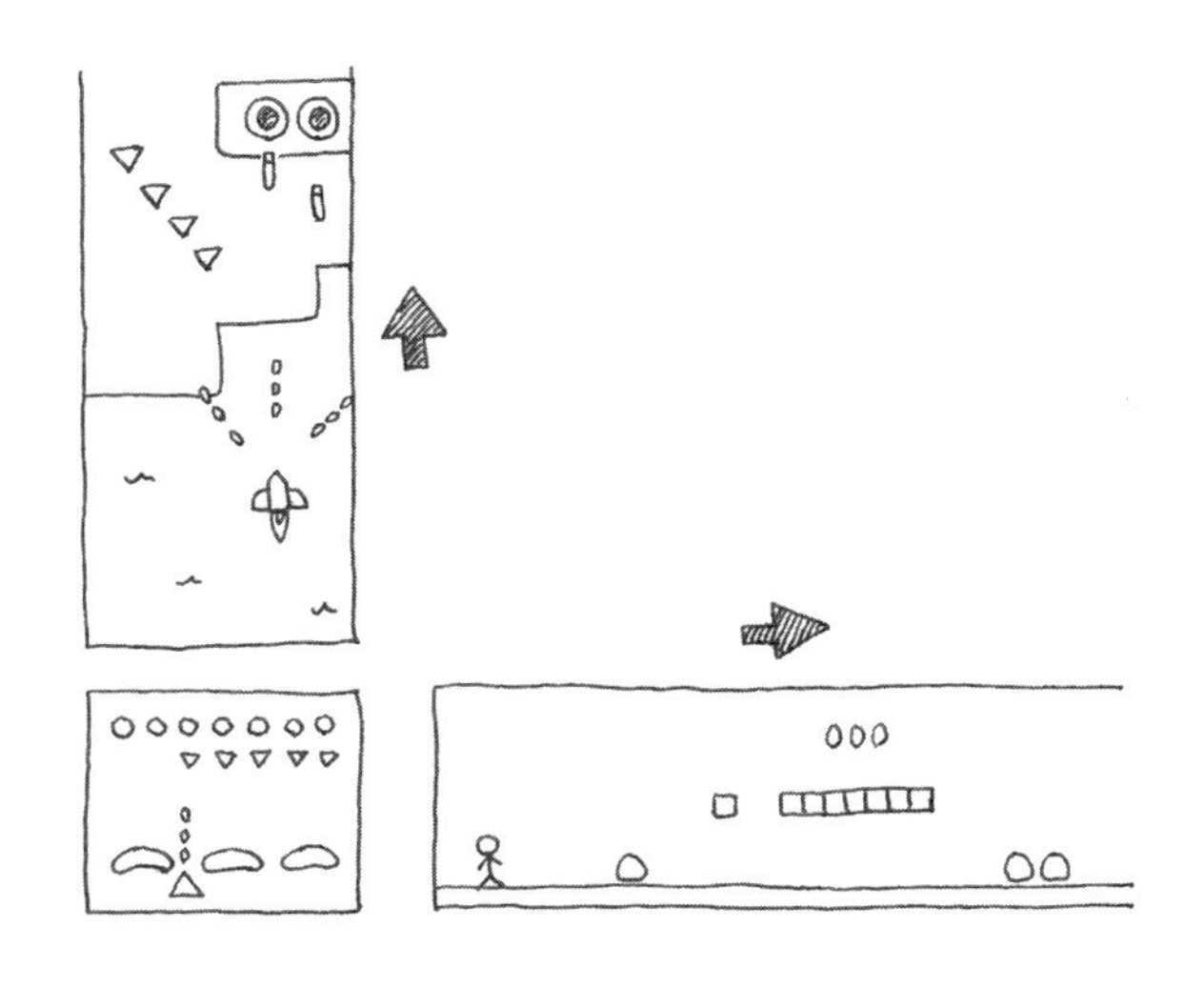

スクロールという新技術の登場

昔のゲームは、使えるデータ量がとても少なく限られていたので、その頃のゲームはきわめてシンプルな体験しか実現できませんでした。しかし技術発展によってデータ量が増えると、ゲームに無数のアイテムが登場するようになります。たくさんの道具に、色とりどりの武器。**バラエティに富んだ遊びを提供できる一方で、ゲーム自体が複雑になりかねません。**ここが工夫のしどころです。

スーパーマリオにも、キノコ・フラワー・スター・1UPキノコという4種類のアイテムが登場します。

いっぽうで、スーパーマリオには4ス

① ばらけて登場させる

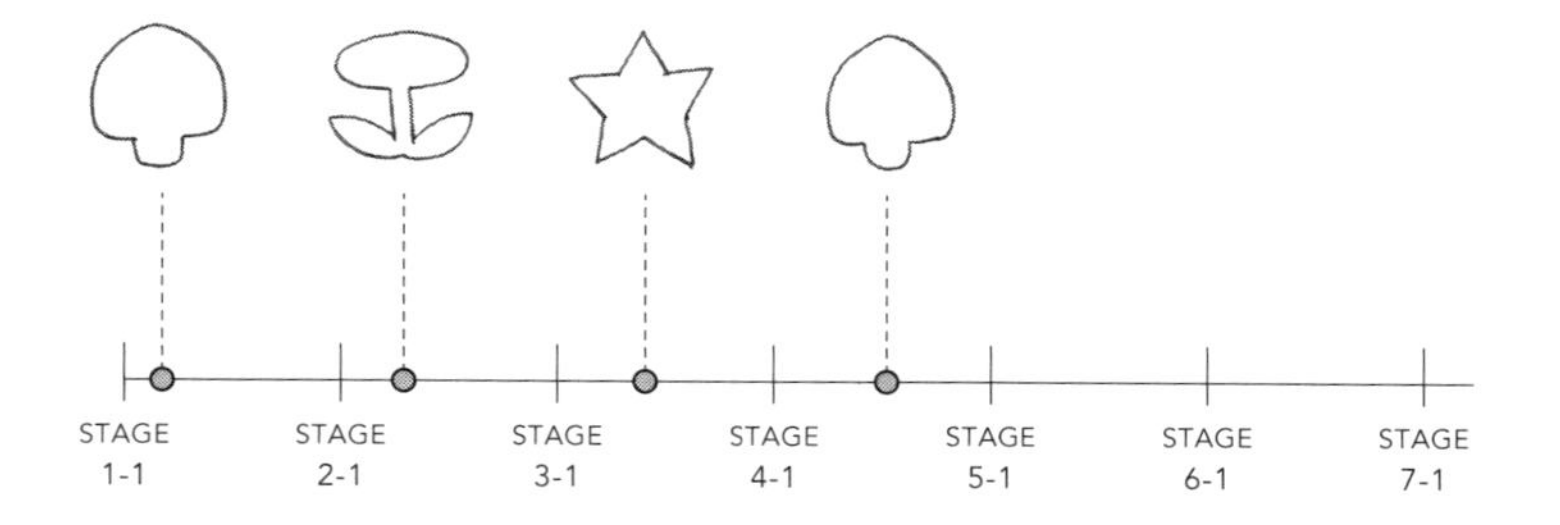

テージからなるワールドが8つ、全部で32のステージがあります。長い旅です。

さて、ここで問題です。4種類のアイテムを初めて登場させるのは、ステージ全体に対してどの辺りがよいでしょうか?

以下のふたつの選択肢からお選びください。ただし、意外なほどに難問ですので、ご注意くださいね。

① ゲームの序盤・中盤・終盤に**ばらけて登場**させる

② 4種のアイテムすべてを**最初のステージに集中**させる

② 最初のステージに集中させる

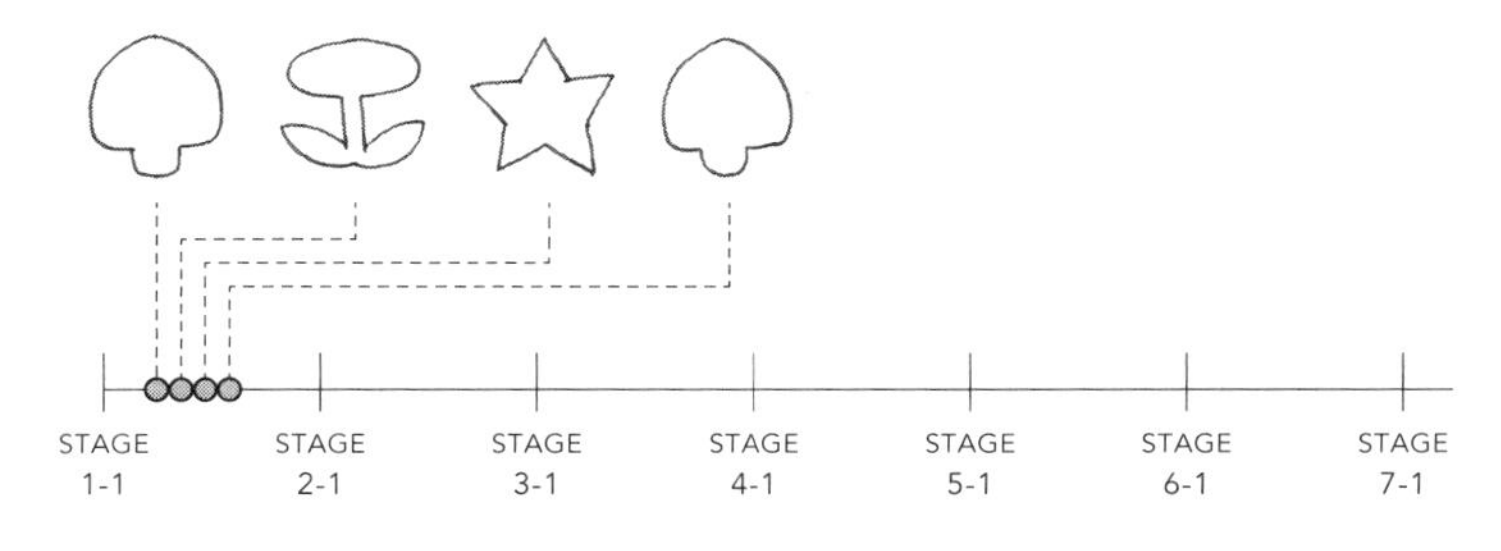

4つのアイテム、どう配置する?

意外なことに、こたえは②「４種のアイテムすべてを最初のステージに集中させる」です。理不尽なデザインに見えますが、ちゃんと理由がつけられます。

学習心理学における**「初頭効果」**。時間をかけて学んでいくとき、体験のはじめ頃に集中力や学習効率が高まる、というものです。スーパーマリオは、しっかり学んでもらわなければならない４つのアイテムを、プレイヤーの集中力が高い最序盤に集中させることで、複雑さ・難解さを回避しています。

もうひとつ、こんな例をあげましょう。かつてスーパーマリオを遊んだ人に思い出を語ってもらうとき、よく登場する敵は何だと思いますか？　宿敵にしてボスであるクッパと同じぐらい、最弱の敵クリボーが登場するんです。プレイヤーの**集中力の高いゲーム開始直後に登場するクリボーのほうが、ゲーム終盤のクッパよりも高い集中力で学習された**、と推測できますね。

クリボーは、最弱でありながら、最重要です。開発の逸話からも見て取れます。

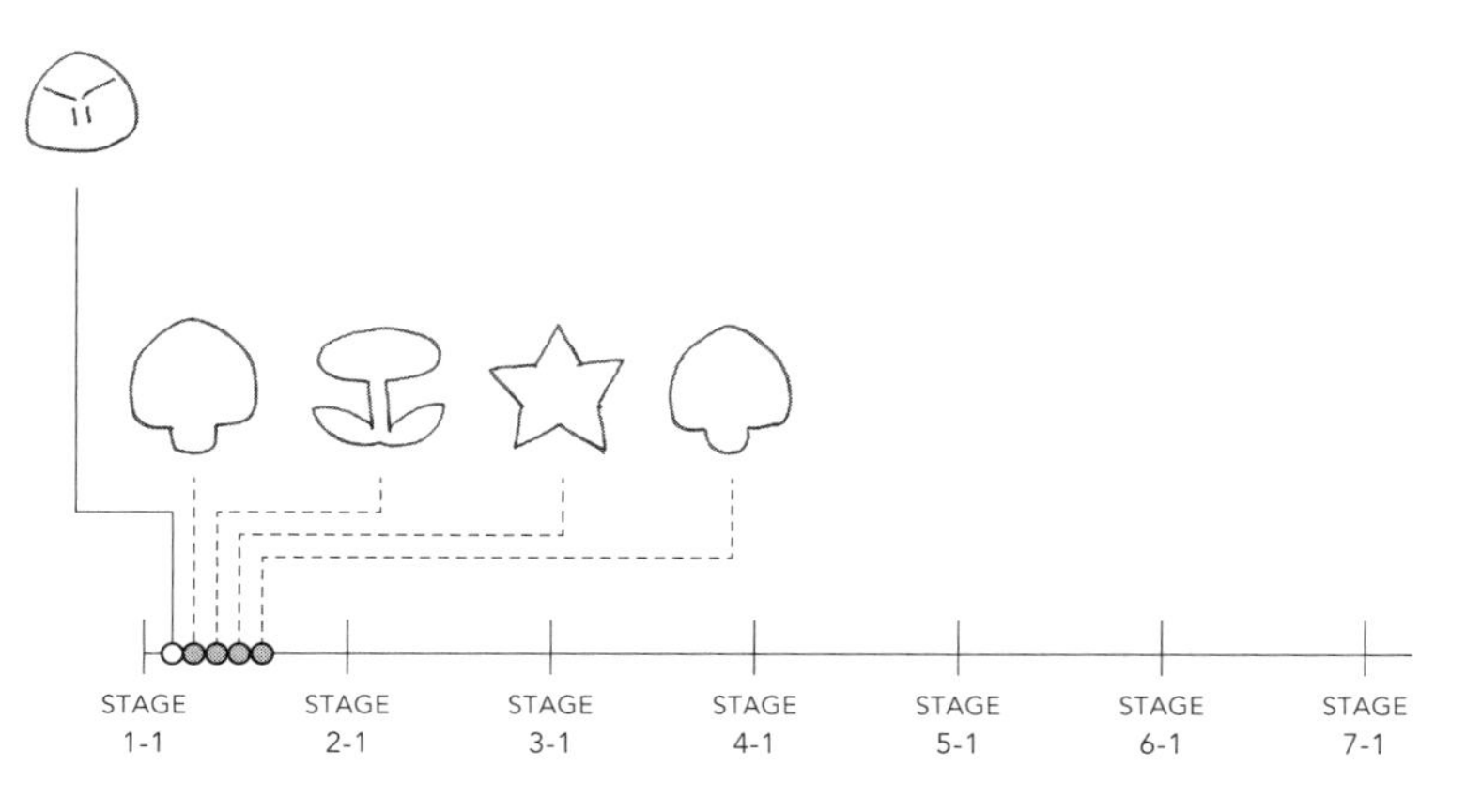

初頭効果のあるうちに学習させる

このゲームのデザイナーは任天堂の宮本茂さん、世界的に有名なゲームデザインの第一人者です。その宮本さんが、**スーパーマリオ開発の最後の最後につくった敵キャラクターこそが、クリボー**です。*

クリボー誕生前、最弱の敵キャラクターはノコノコという名の亀のキャラクターでした。倒しかたはクリボーと同じようにただ踏むだけなんですが、やっつけた後に甲羅が残ります。この甲羅、蹴り飛ばせば武器になるものの、蹴って跳ね返ってきた甲羅に当たるとマリオがやられてしまうという複雑な敵でした。

そこで開発最終盤に生み出されたのが、**一度踏めばきれいさっぱり消えてなくなるシンプルな敵・クリボー**です。さらには、そんなクリボーは「このゲームは右へ行くのがいちばん大切なルールだ」というもっとも重要なコミュニケーションすら託されました。クリボーが記憶に残るのも、納得できる話です。

ただ踏まれ、死ぬために生まれてきたクリボー。いや、クリボーに限らずゲームに登場する敵はすべて、プレイヤーに打ち負かされるために存在しています。

＊社長が訊く『New スーパーマリオブラザーズ Wii』
https://www.nintendo.co.jp/wii/interview/smnj/vol2/index5.html より

ゲームの中はプレイヤーにとっての踏み台で埋め尽くされ、学習の機会に満たされています。だからこそ、ゲームは子どもに人気があるのでしょう。なぜなら、子どもこそ、あらゆる世代の中でもっとも強く学びの体験を求めるからです。

新しいものごとへ興味を持ち、失敗も恐れず挑戦し、貪欲に学ぼうとする……そんな子どもたちがゲームを好いてくれるということは、ゲームが学びの体験をつくり出すことに成功している何よりの証拠だといってよいでしょう。とくにスーパーマリオというゲームは、**いっさい文字を使わずに、**老若男女・世界中どこの国の人であっても直感的に学んでいく体験を生み出している素晴らしい事例です。

世界中の人が喜々として学習し、同じ方向に進んでいく……まるで世界平和みたいだと思うのは、私だけかもしれませんが。

さて。ここでもうひとつ、別なアプローチでアフォーダンスを生み出す例について説明させてください。マリオと対になる任天堂の代表的ゲーム**「ゼルダの伝説」シリーズ、『ゼルダの伝説 時のオカリナ』（1998、任天堂）に登場する一場面**です。

主人公リンクは、深い穴を落ちた先に広がっていた洞窟で、先に進めず困っています。先に進めそうな唯一の扉は巨大な蜘蛛(くも)の巣で塞がれています。試しに蜘蛛の巣を手持ちの剣で切ってみますが、乾いて堅くなっているのか、カキーンという音とともに剣は弾かれてしまいます。冒険の途中で手に入れた木の棒で試してみても、当然ながら歯が立ちません。リンクは一本だけポツンと立つ燭台(しょくだい)の炎に照らされながら、途方にくれて立ち尽くしています。

さて、ここで問題です。**この行き止まりから先に進むためには、どうすればよいでしょうか？** その方法をお考えください。

ヒントです。

実はこの場面の前、こんなしかけにプレイヤーは遭遇しています。床のスイッチを踏むと、**燭台に火**がついて、燭台を覆っていた蜘蛛の巣が焼き払われる。

そういえば、リンクは剣のほかに、**木の棒**を持っていましたね……

進路を塞ぐ蜘蛛の巣

ちょっとややこしい問題でしたが、こたえは**「棒に火をつけ、蜘蛛の巣を焼き払う」**です。ヒントを読まれたとしても、解けた方はするどいです！

プレイヤーは「蜘蛛の巣が邪魔」「木の棒を持っている」「燭台に火がついている」といった個々の情報はまちがいなく把握しています。しかし、これらを組み合わせるのが難しいんですね。だからこそ、試しに木の棒を燭台に近づけたら火がついたとき、そして蜘蛛の巣を焼き払えたときのよろこびは、ひとしおです。

そんな体験をつくるために、デザイナーがしたことは何でしょう。「蜘蛛の巣の向こうに扉がある」「棒は木のような材質だ」「蜘蛛の巣は剣で切れない」といった情報が明確になるように、注意深く見た目や音をデザインしてはいます。何せパズルを解くパーツになる情報ですから、伝達ミスは許されません。

一方で、デザイナーが伝えることを放棄して、プレイヤー全員わかるにちがいないと決めてかかっていることもあります。どんなプレイヤーでも、**人はみな「木は燃える」ことを知っているはずだ、**という点です。

蜘蛛の巣は剣や棒では破れない

棒に火をつけ、蜘蛛の巣に火をつけ、焼き払う

もしプレイヤーが「木は燃える」ことを知らない人ばかりだったとしたら、このゲームはまちがいなく遊んでもらえません。逆に言えば、**プレイヤー全員が持っている記憶さえ把握できれば、そこから体験をデザインできる**んですね。

プレイヤーの記憶。それは、個々のプレイヤーがみずから人生を歩む中で懸命に学んできたものです。直感のデザインは、まるで大樹のように茂るプレイヤーの記憶の枝葉に接ぎ木でもするように、これまでのプレイヤーの人生と地続きに、新たな直感的な学びをつなぎこみます。

だからこそ、プレイヤーは謎を解いた瞬間、まるで自分のこれまでの人生を肯定されたかのような気持ちになるかもしれません。**俺って頭いいなぁ、俺スゴイ！なんて気持ちにさせたい**のです、ゲームというものは。

さて。マリオとゼルダにおけるゲームデザインの事例について見てきましたが、両者に共通するのは本章のテーマ、直感のデザインです。しかし、直感のデザインの原動力となるものは、**マリオとゼルダで大きく異なっています。**

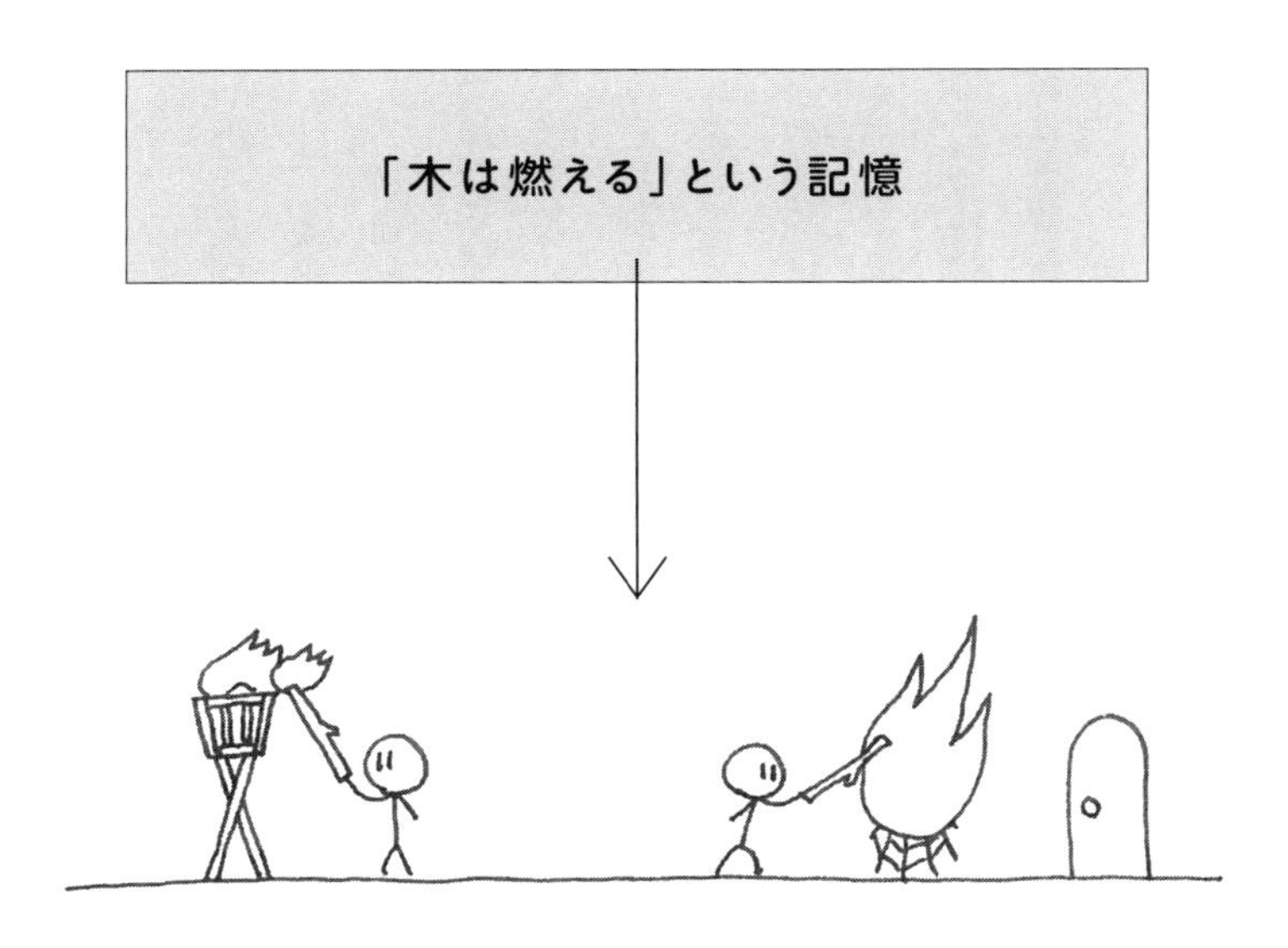

「木は燃える」という記憶なしに
このデザインは成立しない

マリオとゼルダ、それぞれが直感を生み出す原動力をまとめます。

- マリオの例では、**人々に共通する脳や心の性質**を利用している
- ゼルダの例では、**人々に共通する記憶**を利用している

これらふたつの異なるアプローチに共通するのは、人間への理解が必要だという点です。私たち人間はどんな共通の性質を持っているか、どんな共通の記憶を持っているか？　それを知らなければ、体験はデザインできません。

体験をデザインするデザイナーは、自分の感性や記憶だけにしたがってデザインしている限り、よい体験は提供できないでしょう。もし人々に広く楽しんでもらえるポップな体験をデザインしたければ、「ユーザはどんな脳や心の性質を持っているか」「ユーザはどんな記憶を持っているか」……**あくまでもユーザを起点にしてデザインするしかありません。**

では逆に、ユーザを起点にしないデザインとは何かといいますと……

ユーザのことを考えずに「一般的にこういうものが良いはずだ」「常識的にこれが正しいはずだ」などと**「良さ・正しさ」を振りかざすデザイン**……これこそが、デザイナーを待ち受ける最大の罠です。

たとえどんな名作ゲームでも、実際に体験してみるまで、ユーザはおもしろさを感じることはできません。おもしろいと感じてもらうためには、遊びかたが「わかる」までユーザを導くことが絶対条件です。要は、**「わかる」は「良さ・正しさ」よりも大切**なんですね。

ところで、ビジネスの現場では「ユーザ

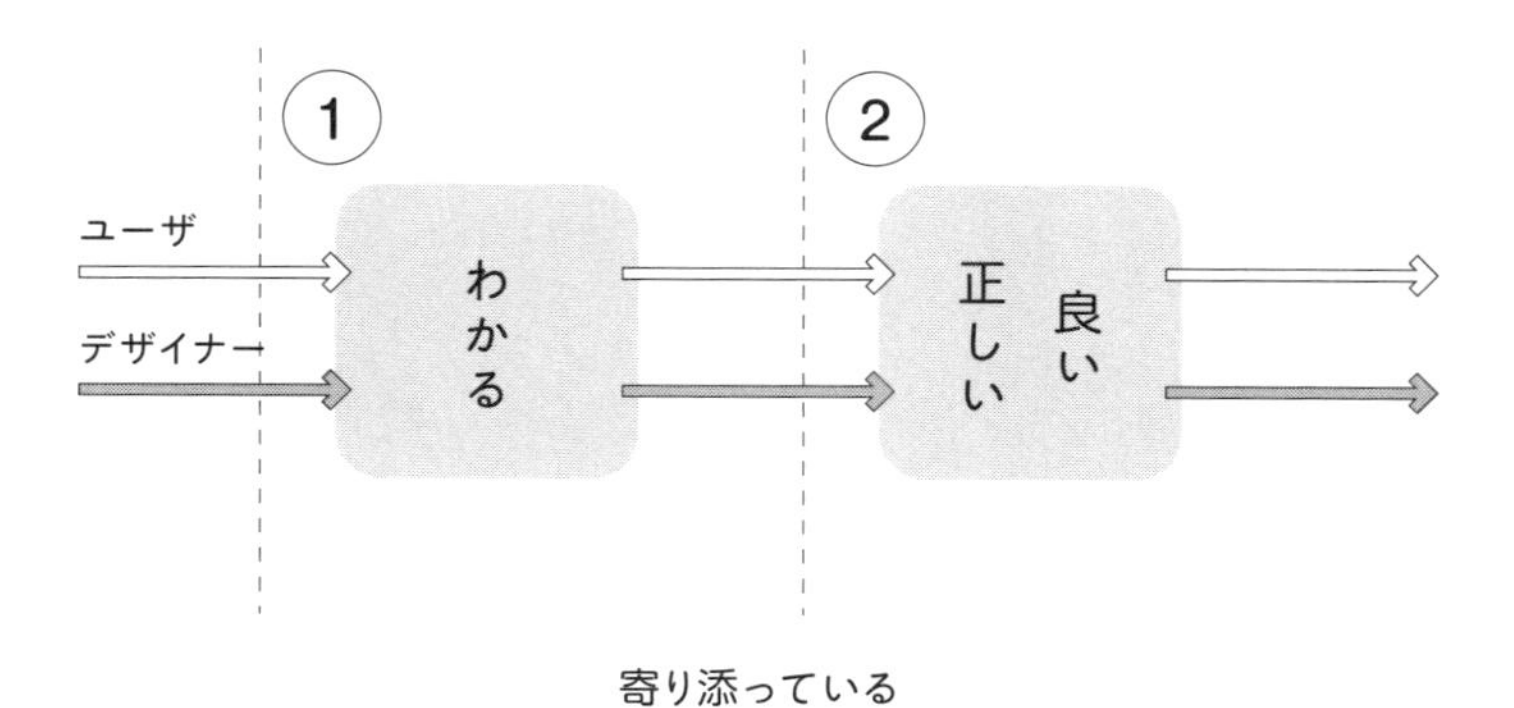

寄り添っている

に寄り添え」という表現をよく聞きます。一見するとすばらしい主張のようではありますが、具体的にどうすればユーザに寄り添うことになるのかという問題が残されたままになっています。この問題に、この本はこんな回答をしたいと思います。

ユーザに寄り添うためには、ユーザがたどる「わかる」→「良い・正しい」という体験の順番に合わせて優先度を決めなければいけません。**商品やサービスの「良さ・正しさ」を伝えるよりも、まずは商品やサービスとの関わりかたが直感的にわかることを優先すること。**これこそが「ユーザに寄り添う」の本質だと考えます。

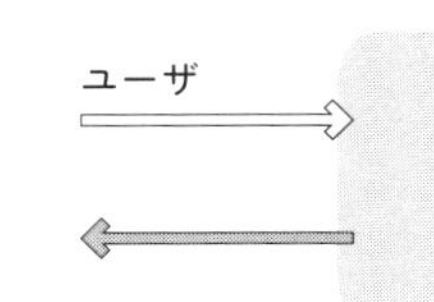

寄り添っていない

さて。この章の冒頭、こんな問いをかかげました。

人はなぜ、ゲームを遊ぶのか?

なんだか哲学的にも響く問いではありますが、以下がこの本のこたえです。

ゲーム自体がおもしろいからではなく、
プレイヤー自身が直感する体験そのものがおもしろいから、遊ぶ。

私たちの脳は、いつだってこの世界を理解したがっています。そんな脳がゲームを好むのは、ゲームが直感的な理解という体験をもたらしてくれるからであり、プレイヤーに寄り添った体験デザインの結果だといえるでしょう。

そんな体験の根幹となるのが、直感のデザインです。しかし実は、直感のデザインには弱点もありまして……。第2章は「驚きのデザイン」、直感のデザインと表裏一体となり、互いを補い合う体験デザインについて論じます。

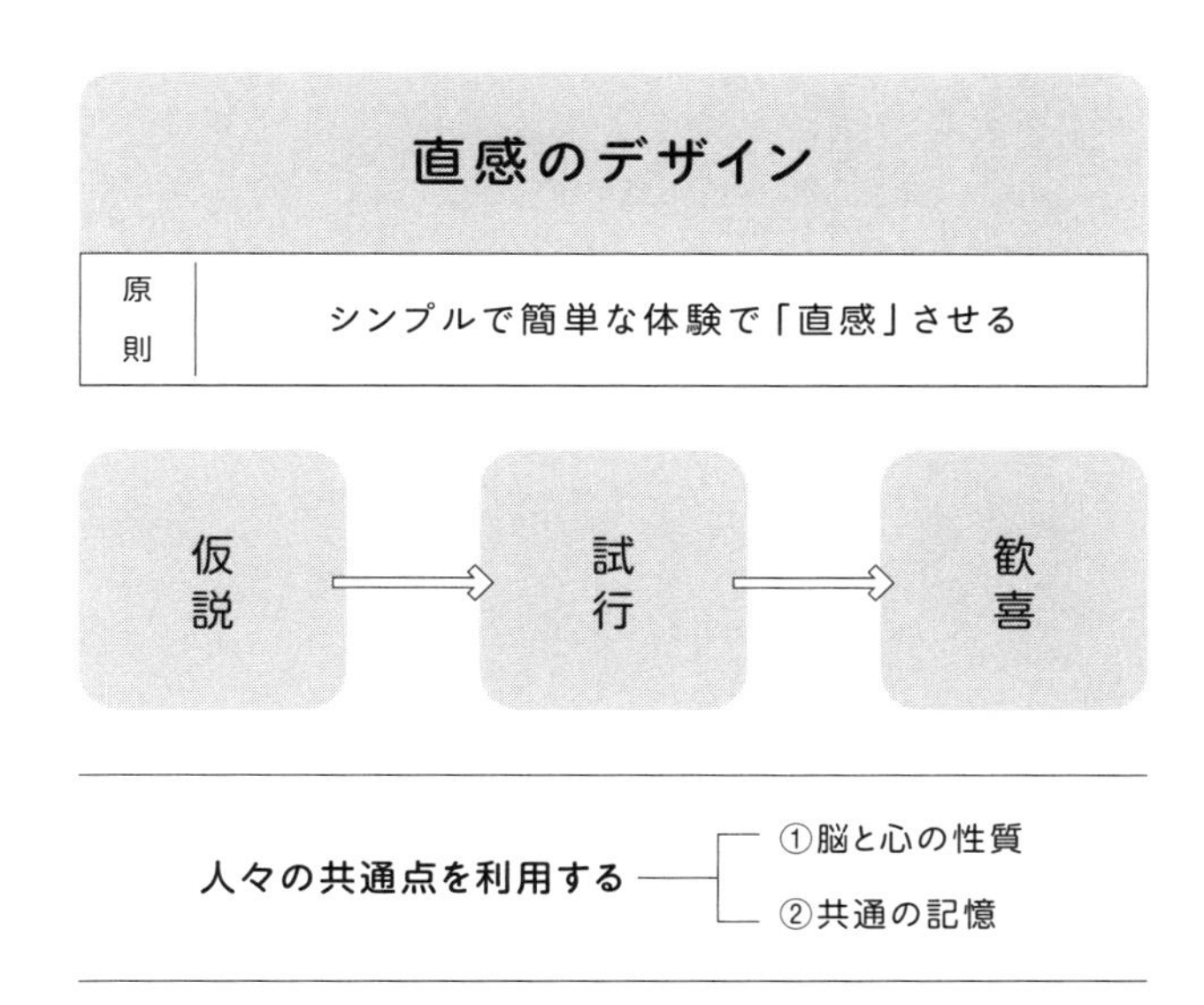

第1章　直感のデザインのまとめ

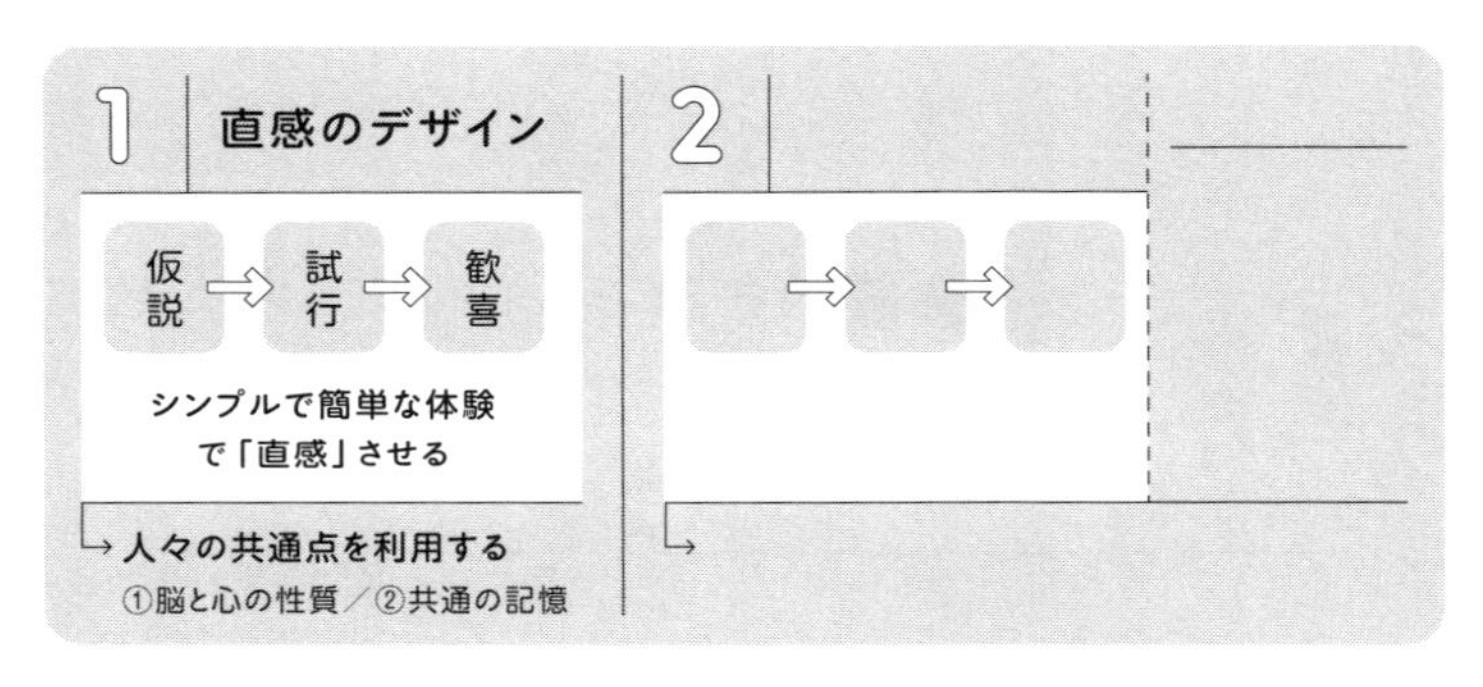
1
直感のデザイン
仮説
試行
歓喜
シンプルで簡単な体験
で「直感」させる
人々の共通点を利用する
①脳と心の性質／②共通の記憶
2

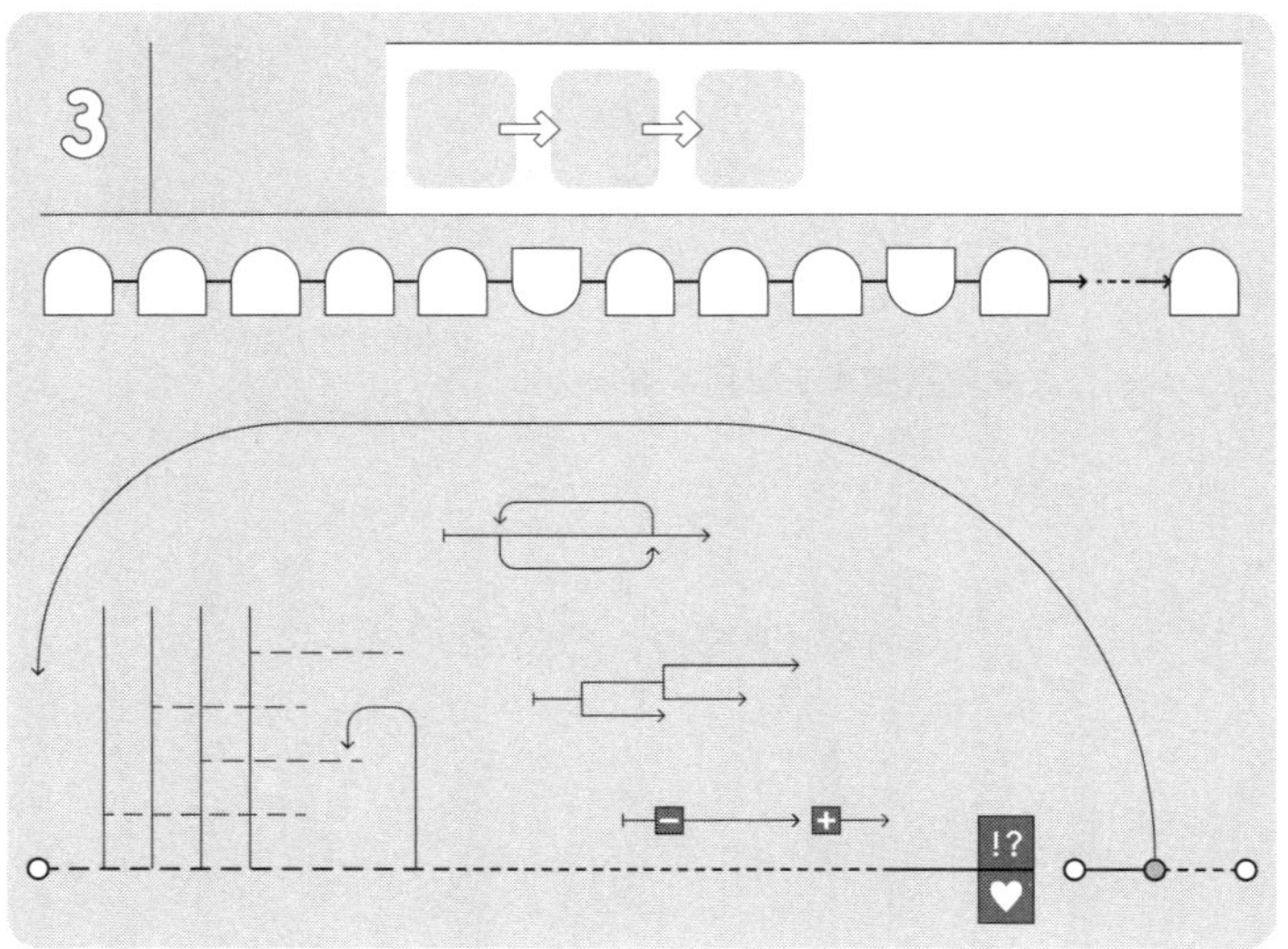
3
!?

第2章

人はなぜ「つい夢中になってしまう」のか

驚きのデザイン

眠い目をこすりながらでも、ついつい夜な夜な遊んでしまうゲームといえば？　そんなアンケートの第一位はきっと、マリオと並んで日本を代表するゲームといわれる不朽の名作「ドラゴンクエスト」シリーズでしょう。（この本では「ドラクエ」と略します）

プレイヤーが物語の主人公になりきって遊ぶロールプレイングゲームの代表であるドラクエは、誰でも遊べる親しみやすさが人気です。しかし、よく見てみると、ゲーム画面は文字と数字ばかり。専門用語や独特なルールが飛び交う複雑なゲームのようにも見えます。

なぜドラクエは、その複雑さにもかかわらず、眠気を我慢してでも遊び続けられるのでしょうか？　その秘密は、実に意図的で計画的な体験デザインにあります。

ドラゴンクエスト・Ⅱ・Ⅲ・Ⅳ

DRAGON QUEST, Ⅱ, Ⅲ, Ⅳ

1986 ENIX, 1987 ENIX, 1988 ENIX, 1990 ENIX

体験デザインを解説するにあたり、この本はゲーム会社さんの著作権に配慮し、
実際のゲーム画面ではなく模式図で表現してあります。
実際のゲーム画面をご確認されたい場合は、著作権元が公式に公開している
ゲーム画像をご覧いただくか、実際にゲームをプレイしてみてください。

ドラクエ1～4（読みやすさを優先するため、シリーズ名は算用数字で表記）を題材に、第2章のテーマ「驚きのデザイン」について考えます。まずは第1章「直感のデザイン」の復習として、**ドラクエ1冒頭**を分析しましょう。

ドラクエを遊ぶうえで必ず理解しなければならないのは、画面右上に並んでいる8つの**「コマンド」**です。プレイヤーからゲームの主人公に出す命令・指揮、という意味ですね。ゲーム開始直後、デザイナーは何よりもまずコマンドを理解してもらうため、直感のデザインをちりばめています。

主人公・勇者は、王様から打倒竜王を命じられて旅立つのですが、部屋の外へ出ようにも、扉に鍵がかかっています。どれだけ歩きまわろうが、**ゲームはいっさい進行しません**。試しにAボタンを押すと表示されるコマンドの一覧には、点滅するカーソルが置かれた『はなす』の文字。そして目の前には、無言で立ち尽くす兵士。そういえば、さっき王様は「進めかたは兵士が教えてくれる」と言っていたっけ……と思い出すプレイヤー。これらの情報から、プレイヤーは自然と……

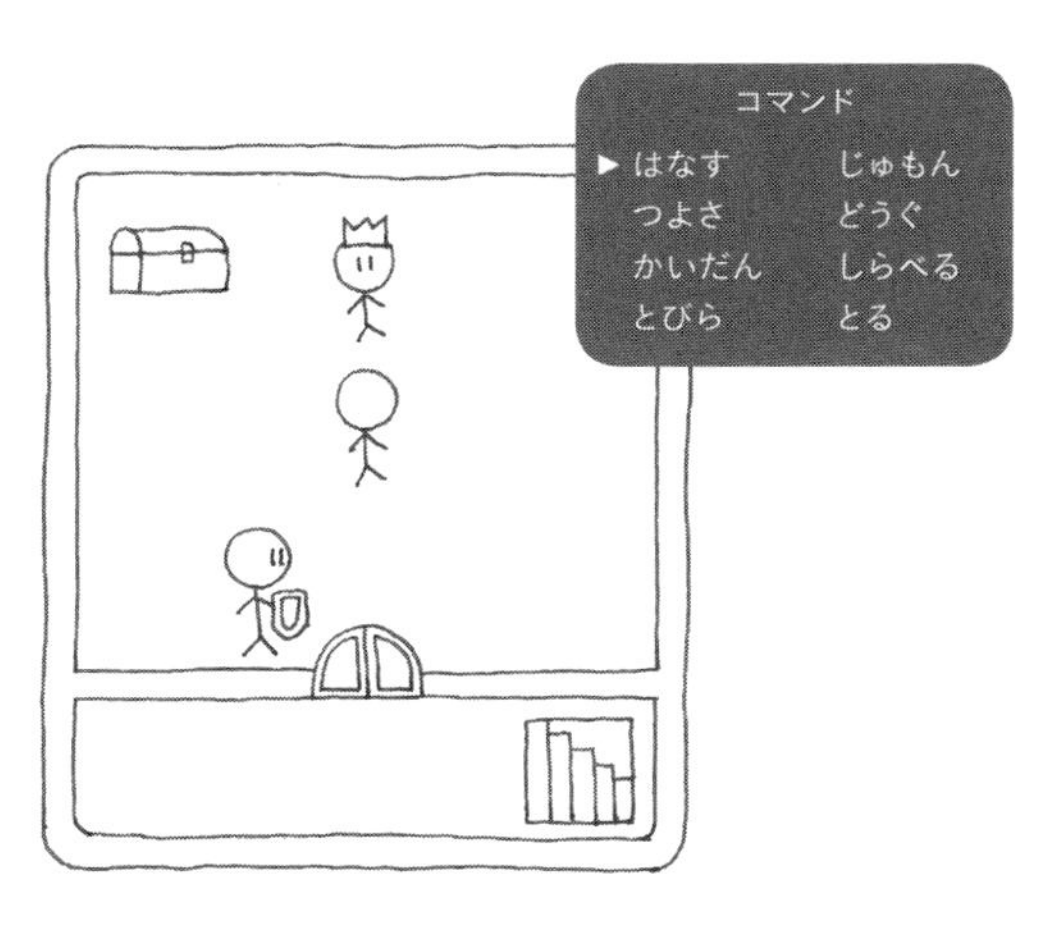

ドラゴンクエスト冒頭

「兵士に『はなす』コマンドを使えばいいのかな？」と仮説を抱き、試行し、最後には「やっぱり話が聞けた、進めかたがわかった！」と歓喜するに至るわけです。

『はなす』コマンドと同様に、今いる場所を『しらべる』、宝箱から鍵を『とる』、鍵で扉を開けるときは『とびら』、階段は『かいだん』コマンドを使うことになります。一気に**5つのコマンドの使いかたと効果を理解しなければ王様の部屋から出られない**というデザインの理由は、初頭効果を活かして効率的にルールを伝えるためでしょう。王様の部屋なのに外から鍵がかけられているという不条理なデザインも、すべては直感的にルールを理解してもらうためにあるんですね。

このように見事に計算されつくしたデザインを見せてくれるドラクエは、ゲームの教科書ともよばれています。ドラゴンを倒す冒険の旅というシナリオも、実に王道ですよね。そんな教科書的で国民的で王道なゲームでありながら、しかし。

ドラクエには、**とんでもなく非教科書的なもの**が登場するんです。

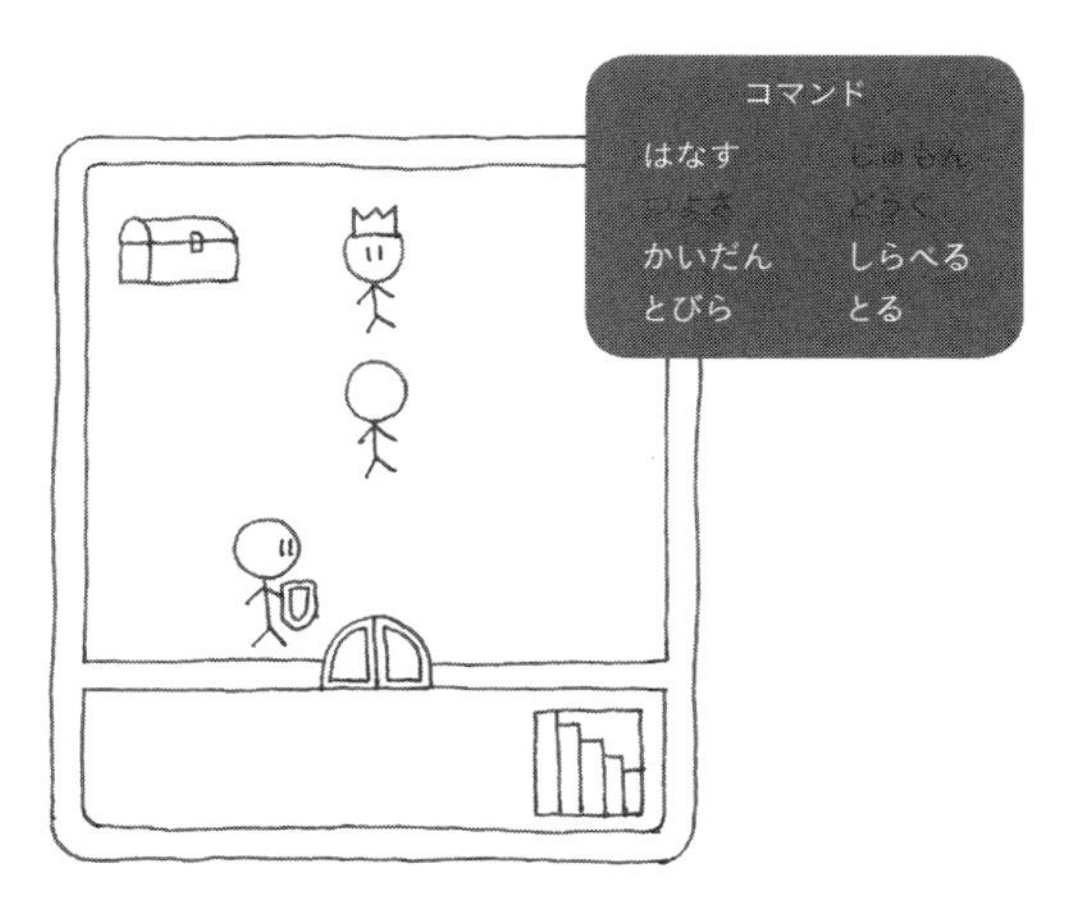

ゲーム冒頭で一気に5つのコマンドを使わせる

ぱふぱふ

「ぱふぱふ」。多くのゲーマー、とくに少年の心をつかんだ演出です。ご紹介がてら、ドラクエ1～4のぱふぱふ登場シーンをまとめてみます。

ドラクエ1『おいで　ぼうや。ぱふぱふしてほしいなら　50ゴールドよ。』
ドラクエ2『ねえ　あたしってかわいい？　だったら　ぱふぱふ　しない？』
ドラクエ3『あ～ら　すてきなおにいさん　ねえ　ぱふぱふしましょっ』
ドラクエ4『え？　ここはぱふぱふの部屋かって？　うふふ　内緒よ』

「ぱふぱふ」自体の詳しい説明はありませんが……なんとなくわかりますよね。

念を押しますが、ドラクエは善なる勇者が悪を倒す剣と魔法の冒険物語で、基本的にシリアスです。そんな中、わざわざ「ぱふぱふ」なんてエッチなものを持ち出すなんて、デザイナーはどんな神経をしているのでしょう？　とはいえ、ぱふぱふを登場させるという判断を現にデザイナーが下している以上、**そこには何かしらの理由があるはず**です。というわけで、ここで問いを設定しましょう。

なぜ、ぱふぱふはゲームに組み込まれなければならなかったのでしょうか？

一見するとくだらない質問のように見えて、実は難問です。そこで、解決の糸口をつかむため、第1章を思い出してみましょう。第1章では、クリボー登場前後のプレイヤーの気持ちを推測するところから突破口を開きましたよね。

そこで、まずは、ぱふぱふ登場までの流れについてかんたんにまとめてみます。

ドラクエ1　はじめて橋を渡り、強いモンスターとの戦闘を抜けた先の町で登場
ドラクエ2　はじめて3人の仲間で挑むダンジョンをクリアした後の町で登場
ドラクエ3　はじめての強敵・カンダタを倒した後に訪れる町で登場
ドラクエ4　はじめて女性キャラだけで冒険する場面、旅立ちの町の夜に登場

うっすらとでも、何か見えてきましたか？　さらに明確にイメージするため、ここではドラクエ1の事例に注目し、より詳しく具体的に見ていきましょう。

なぜ、ぱふぱふ？

ドラクエ1冒頭、プレイヤーは8個中5個のコマンドを学習し、やっとのことで王様の部屋から脱出しました。**ゲームはその後も学習だらけ**です。ふたつの町・ふたつの洞窟・ふたつの橋を越えた新大陸の先に「ぱふぱふ」は登場しますが、たどりつくまでの道のりはとても険しいもの。残る3つのコマンド『つよさ』『どうぐ』『じゅもん』を駆使しなければ、まず突破できません。

元々は剣しか扱えなかった勇者も、ここに来てやっと道具や魔法を活用しながら冒険する勇者へと成長し、いっぱしの「剣と魔法の冒険物語」になりました。

勇者の成長……実によいことです。しかしその裏で、割を食っている人がいます。プレイヤーその人です。プレイヤーはここまで、**コマンドの使いかたなどの専門知識を延々と学ばされっぱなし、学習の連続**です。たとえるなら休み時間なしで勉強させられているようなもので、どうしても疲れや飽きが来てしまいます。

疲れと飽き。これこそが、直感のデザインが抱える致命的な欠点なんです。

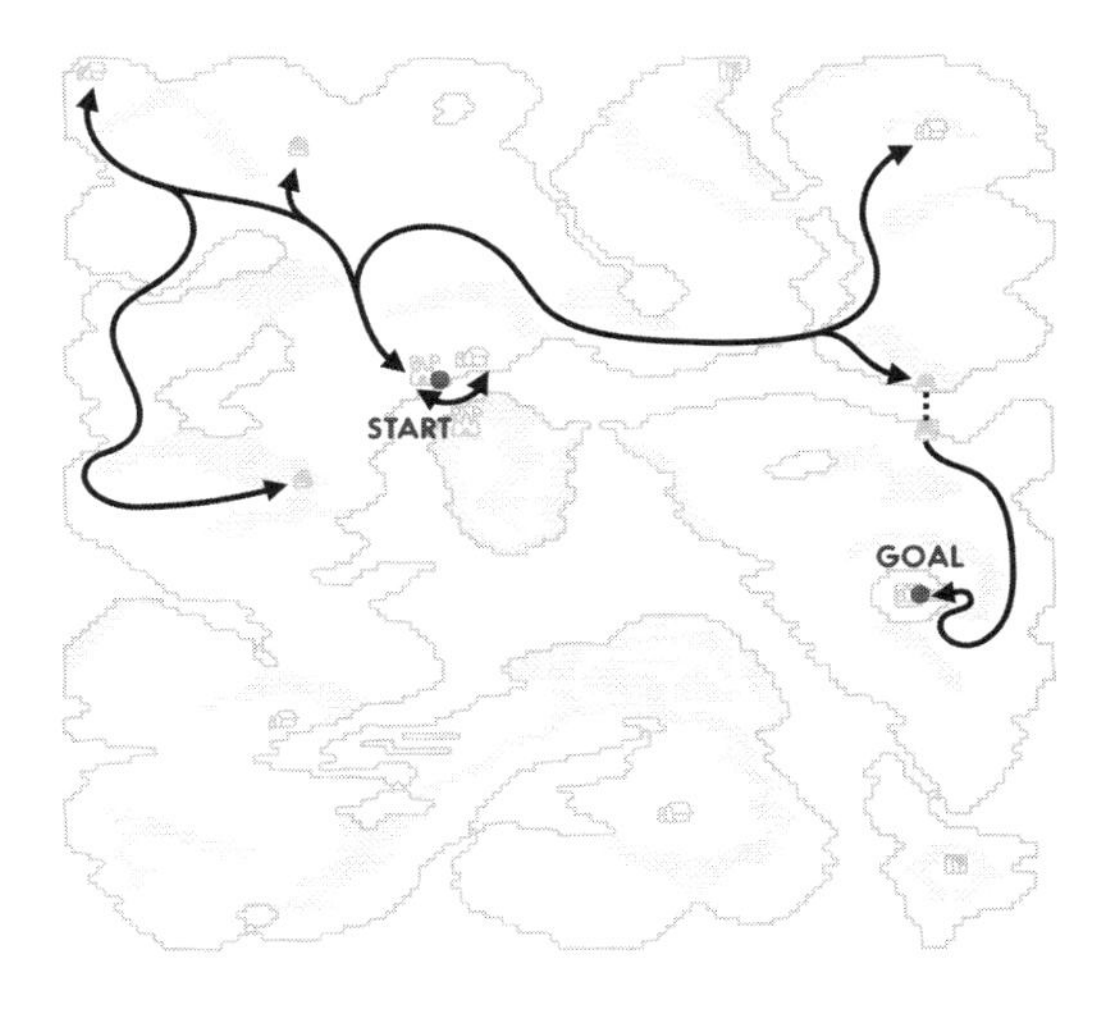

スタート地点から「ぱふぱふ」までの道のり

直感のデザインが含んでいる「仮説→試行→歓喜」という3つの小さな体験のうち、仮説と試行の体験はプレイヤーにストレスを与えます。仮説が正しいかどうかわからない不安、仮説でしかないことを実際に試すときの不安。要は、直感のデザインを体験するプレイヤーは**「不安→歓喜」と心が動く**わけです。そんな直感のデザインが繰り返されるとき、プレイヤーの心も不安と歓喜を繰り返すことになります。不安と歓喜の往復……気疲れするのも無理ありませんよね。

くわえて、どれだけつくり込んだ直感のデザインであろうとも、同じような体験が何度も続けばプレイヤーは飽きてしまいます。こればかりは、どうしても避けられません。なぜなら**脳というものは、同じ刺激が何度も繰り返されると反応が徐々に弱まっていくようにできている**からです。心理学では心的飽和や馴化（じゅんか）とよばれていて、その科学的メカニズムまで解明されつつあります。

ドラクエは宿命的に、学習すべき内容が多いゲームです。だからこそ、疲れや飽きへ対処しなければなりませんでした。そこで編み出された対処法こそが……

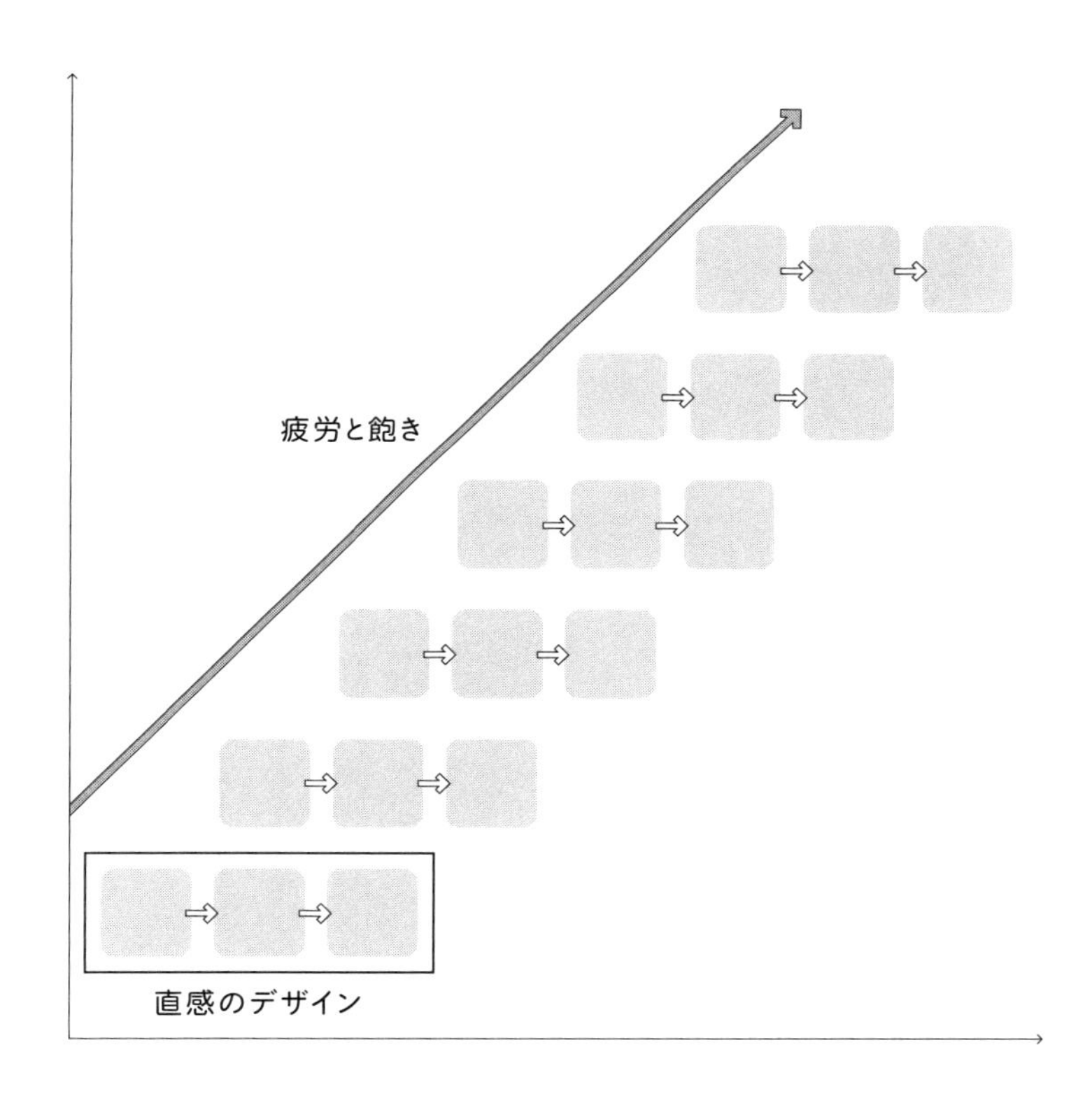

直感のデザインの連続は、疲れと飽きを生む

ぱふぱふによってプレイヤーの疲れや飽きを軽減するというデザインです。

ここで念のため確認しておきますが、プレイヤーに疲れや飽きが蓄積されるからといって、何もドラクエのゲームデザインに欠陥があると指摘したいわけではありません……むしろ逆です。プレイヤーが無数の直感のデザインを適切にくぐり抜けているからこそ、疲れて飽きているのにもかかわらず遊んでくれているのです。**「遊びたい、けど眠い！」**なんて奇妙な状態にたびたびプレイヤーが陥るのは、まだ遊び続ける意欲は十分なのに、疲れや飽きが心身に溜まってしまっている証拠です。

逆に言えば、つまらないゲームは眠くなるまで遊べないものでして……

おっと、うっかり悪口を言いそうになったので、話を本題に戻しましょう。直感のデザインによる学習の連続をあえてストップし、疲れや飽きから解放するための体験デザイン。デザイナーは決して下ネタを言いたいだけで「ぱふぱふ」を設計したわけではないはずです。その証拠は、**ぱふぱふの登場タイミング**です。

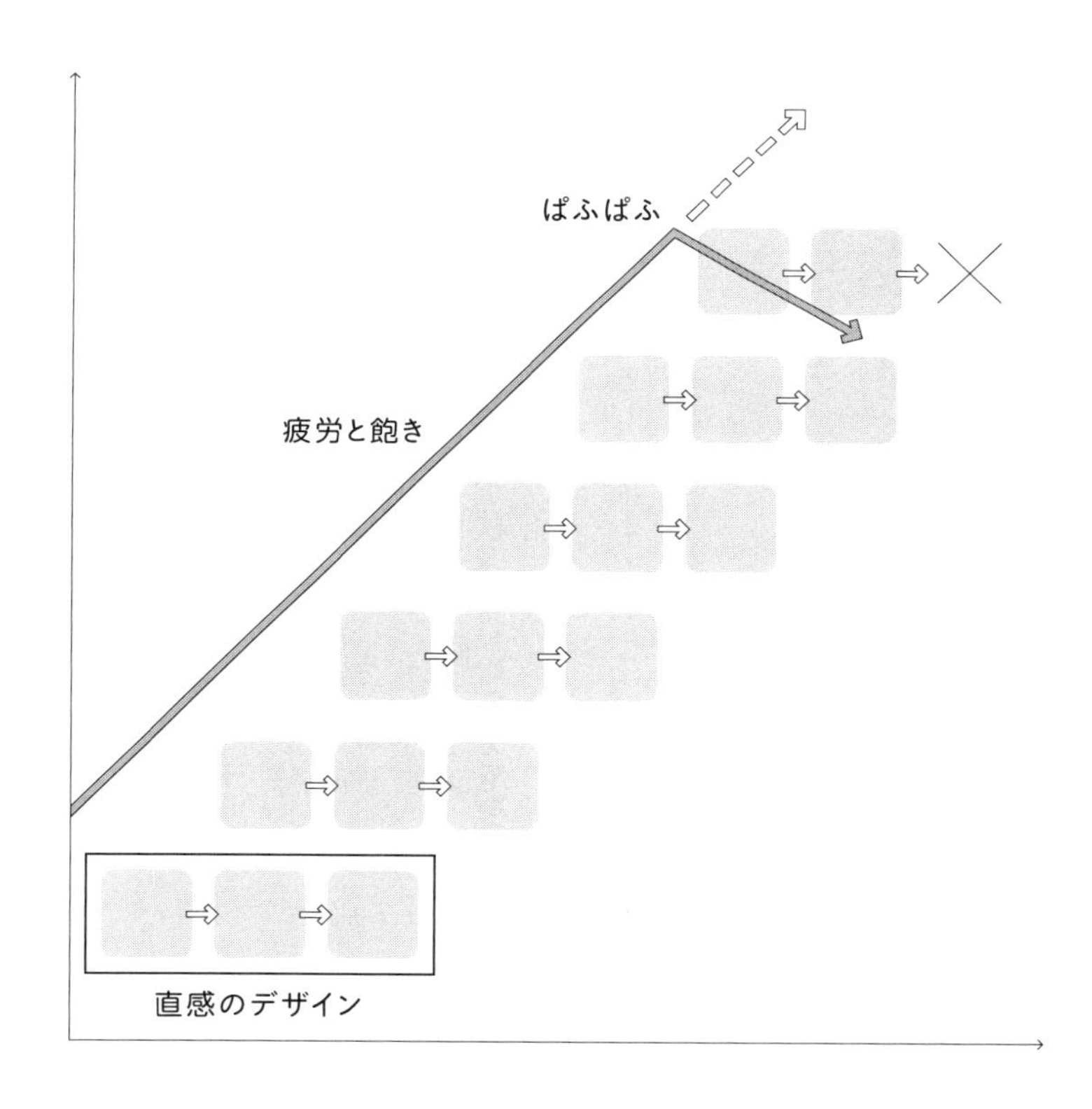

疲れと飽きを払拭するのが「ぱふぱふ」の役目

ドラクエ1では、コマンドすべてを学んだ後に。ドラクエ2では、3人の仲間全員ではじめて挑むダンジョンの後に。ドラクエ3では、はじめての強敵を倒した後に。ドラクエ4の場合は少し複雑ですが、か弱い2人の女性キャラクターだけの冒険に苦しみ、夜の町へと逃げ帰ってきたときに「ぱふぱふ」は登場します。いかにデザイナーが細心の注意を払い、タイミングを見計らっているか。

逆に言えば、**ぱふぱふは特定の心理状況でしか効果を発揮しません**。適当にセクシーな話を持ち出したところで、ただ下世話になるだけです。シリアスな冒険物語としての世界観が事前にしっかりと描かれていて、プレイヤーもその世界観の中に入り込んでいる状況があるからこそ、ぱふぱふは心をつかみます。

シンプルに言い換えるなら、こうです。プレイヤーに「ぱふぱふのようなくだらない話なんか出るはずがない」と思わせたとき、はじめてぱふぱふは意味を持つ。予想外のものが目の前に現れたとき、私たちの心は疲れや飽きをかなぐりすてて、興奮します。つまり、ぱふぱふの本質は、**予想が外れるという体験**にあるのです。

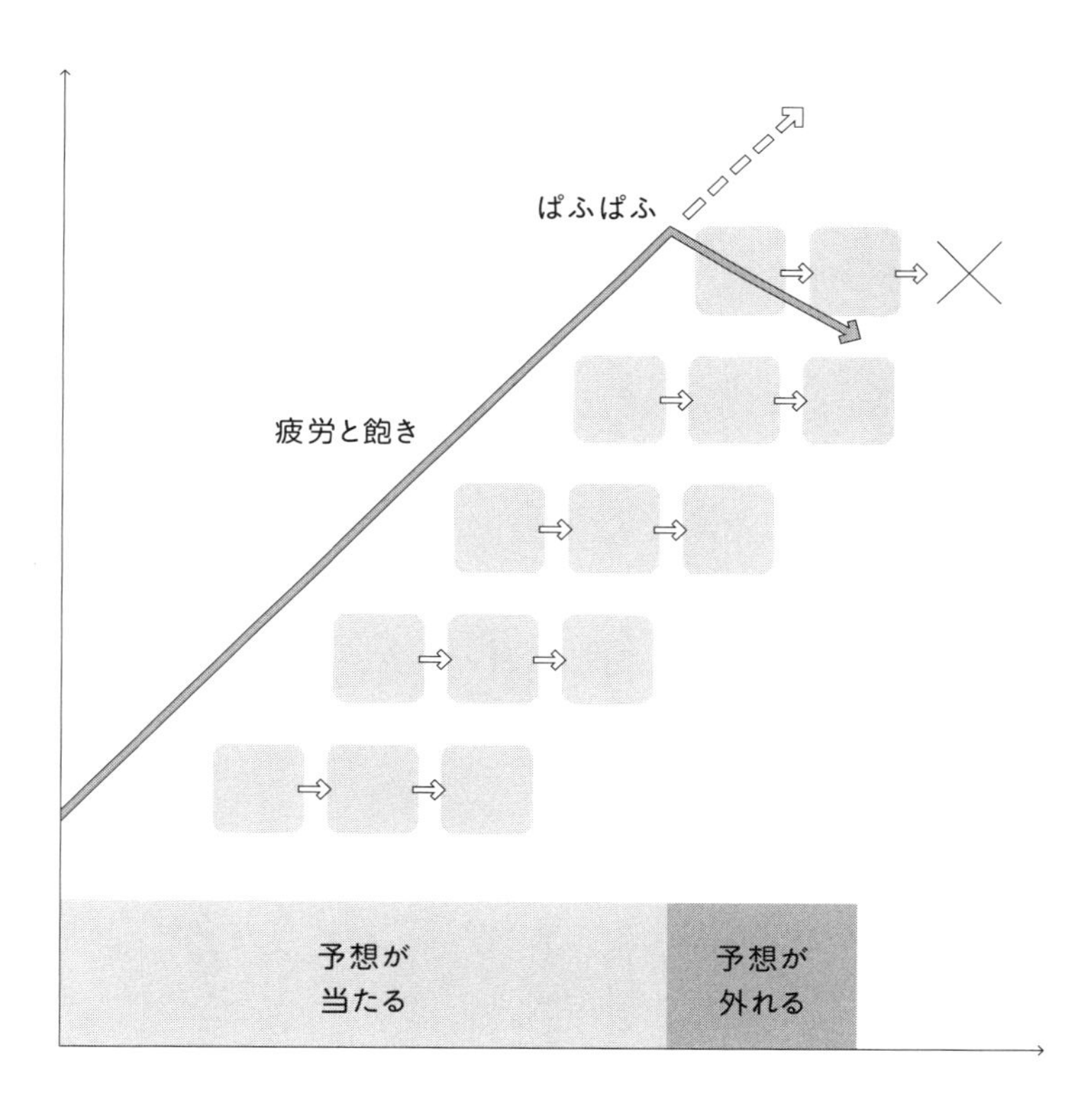

「予想が当たる」と「予想が外れる」

私たちの脳は、みずからの命を守るために未来を予想しようとしますし、予想の精度を上げるため懸命にこの世界の動きを学習しようとします。だからこそ予想を当てられた脳は**「将来やってくる死のリスクもきっと予想できるだろう、命を守れる、うれしい！」**とでも言わんがばかりに、興奮物質を出してよろこびます。

一方で、予想が当たり続けてしまう体験は、脳にとって「もう十分未来を予想できるから、学習も必要ないな」というシグナルにもなってしまいます。そんな時こそ、予想が外れる体験の出番です。予想を外した脳は**「ちっとも未来を予想できていない、死のリスクも避けられないかも！」**と危機感を抱き、この世界を学習しようとするはたらきを活性化させる……そんなイメージです。

疲れと飽きによって弱っていく脳の学習機能を活性化するために、**脳の予想を外す体験をあえて織り交ぜる**。長時間の体験をデザインする際の重要テクニックです。そんな「予想が外れる」体験を、直感のデザインと同様に型としてまとめたいのですが、その前にふたつほど考えたいポイントがあります。

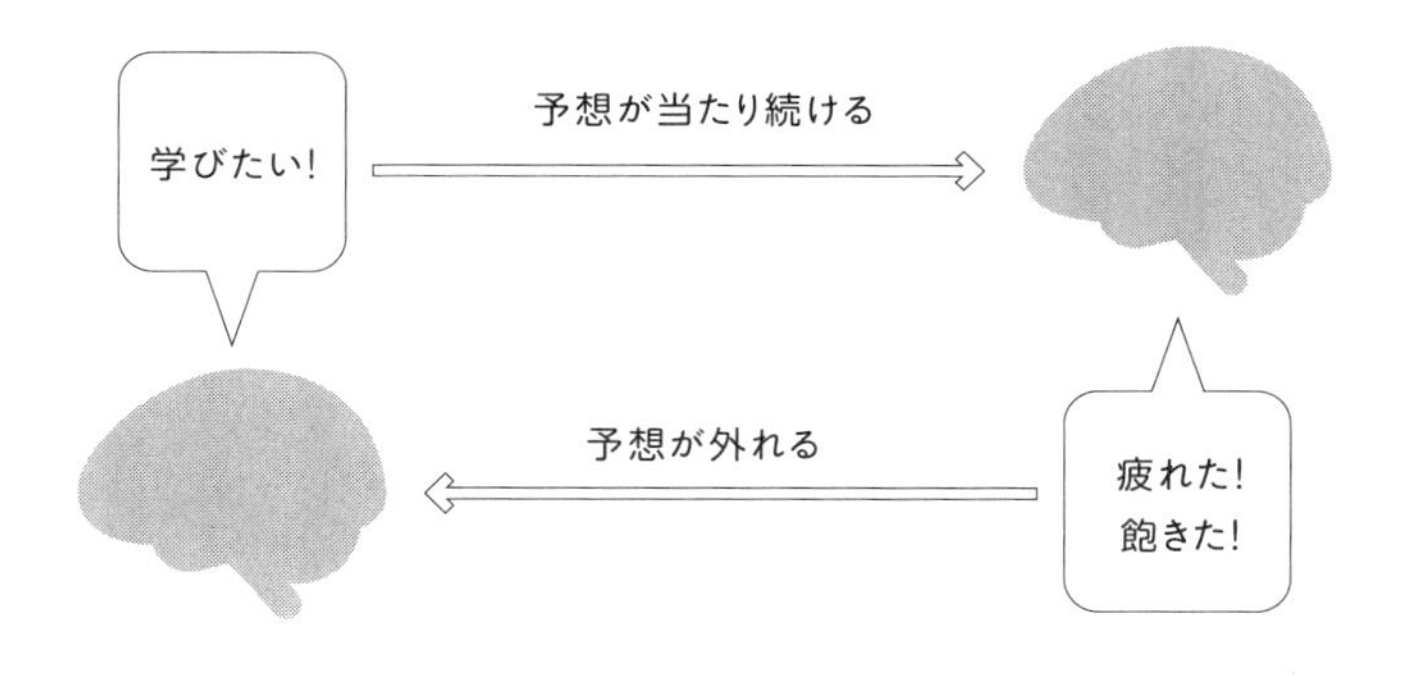

予想は当たり続けても、外れ続けてもいけない

ひとつめのポイント。プレイヤーが予想を外すためには、あらかじめ確固たる予想……それも誤った予想を立てさせる必要があるという点です。ドラクエの場合は、ゲーム開始当初からじっくりと丁寧に時間をかけながら、「このゲームはシリアスだ」と思い込ませ、結果的にプレイヤーをだましているのですね。

率直に伺いますが、**あなたは人をだませますか？**

プレイヤーの疲れや飽きを拭い去るためとはいえ、意図的・計画的に人をだますなんて、なかなか難しいですよね。やさしく善良な人ほど腰が引けるかもしれませんが、その点はご安心を。だって、ぱふぱふに遭遇したプレイヤーは誰ひとりとして「だまされた！」なんて怒ったりしませんし、むしろよろこびます。だからどうか、安心して「このゲームは○○だ」という嘘をついて、どんどんだましてください。

ふたつめのポイントは、もう一度「ぱふぱふ」について考えます。ぱふぱふが予想外で意表を突くことはよしとして、**根本的な疑問**がひとつ残っています。

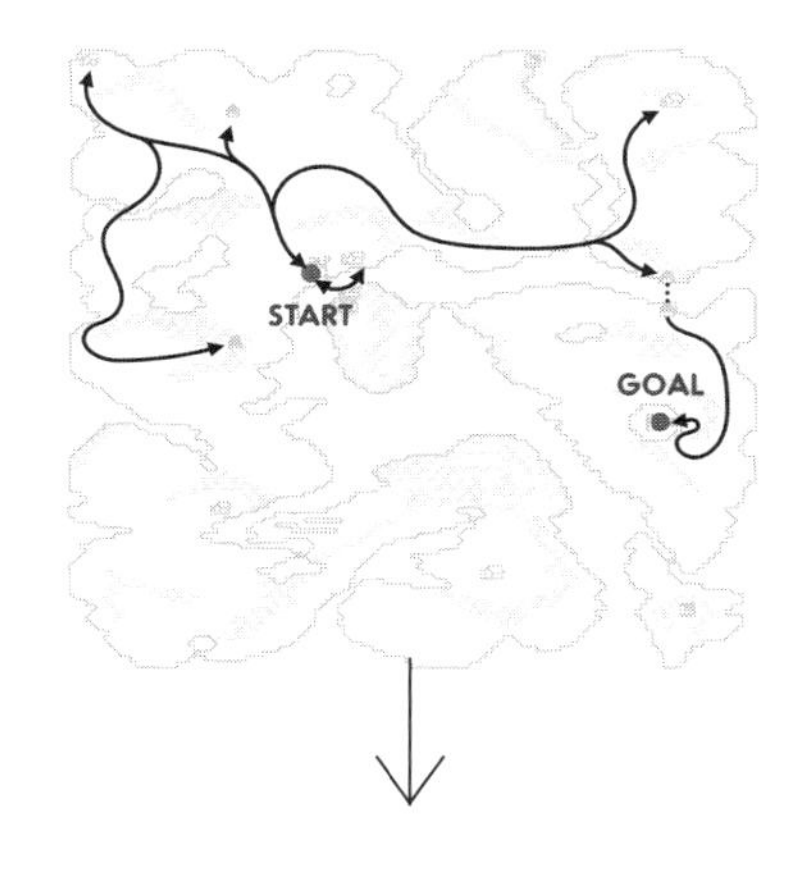

「このゲームは○○だ」という前提への思い込み

プレイヤーに予想を外させるだけなら、性的な演出でなくともよいんじゃないでしょうか？　ほかにも無数に演出は考えられたはずにもかかわらず、デザイナーはあえて性的な演出を意図的に選んでいます。その理由とは何でしょうか。

……ところで、時々はゲームで非日常を楽しむ私たちも、たいていは平穏な日常を生きていますよね。学校や職場ではちゃんと社交的になって、モラルを守りながら暮らしています。そんな日常の中、急に「おいで坊や、ぱふぱふしない？」なんて声をかけられたら、そりゃあ驚きますよね。

日常の平穏な生活で表立って登場してはならないもの。それは**タブー（禁忌）**とよばれます。この言葉を借りれば、私たちはこう思い込んでいるといえます。**日常を破壊するタブーなものは、私の生活には登場しないにちがいない。**

そんな思い込みは、体験をデザインする側から見れば宝の山です。タブーを登場させるだけでプレイヤーに予想を外させ、疲れや飽きを癒やせるのですから。

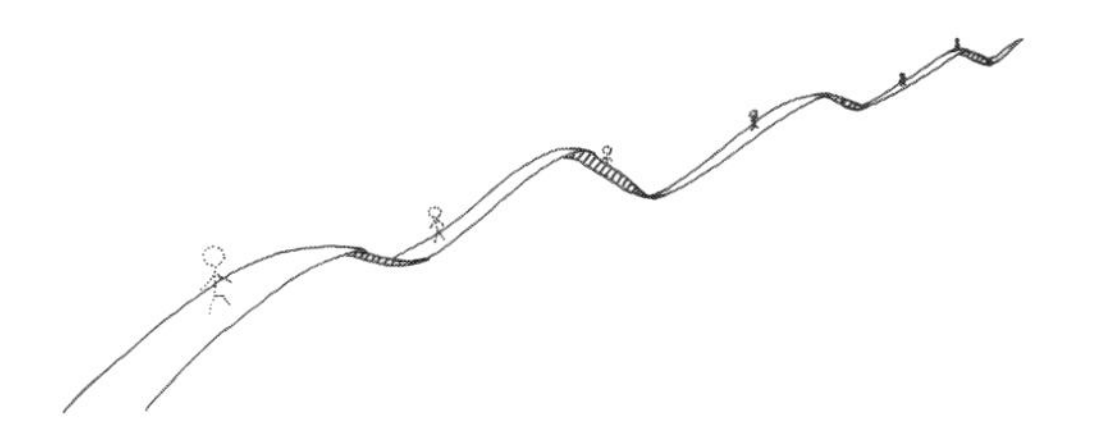

続いてきた／続いていくはずの平穏な日常

「タブーは現れない」という日常への思い込み

＊「おいで　ぼうや。
ぱふぱふしてほしいなら
50ゴールドよ。

平穏な日常が
続くはず、と
わたしたちは
思い込んでいる

さて。いったんここまでの議論をまとめます。プレイヤーの予想を外すことを考えたとき、以下ふたつの思い込みが活用できそうです。

1　前提への思い込み　→　「このゲームは◯◯だ」
2　日常への思い込み　→　「タブーは現れないはずだ」

これらふたつの思い込みを意図的に裏切ること、それがデザイナーが採るべき戦略です。そして、これらふたつの思い込みを完璧に利用しているのが「ぱふぱふ」、というわけですね。だからこそ「ぱふぱふ」は、ドラクエファンなら誰もが知っているほどに印象的な演出になったのでしょう。**つらい冒険、学習の連続の果てに、非日常で予想外なものが現れる**……そんな体験の鮮烈さこそが人々の心を動かし、ひいては人々の疲れと飽きを癒やし、夢中にさせたんですね。

ドラクエというゲームは、これらふたつの思い込みを利用してプレイヤーの予想を外すデザインの宝庫です。いくつかの驚くべき演出の事例を見てみましょう。

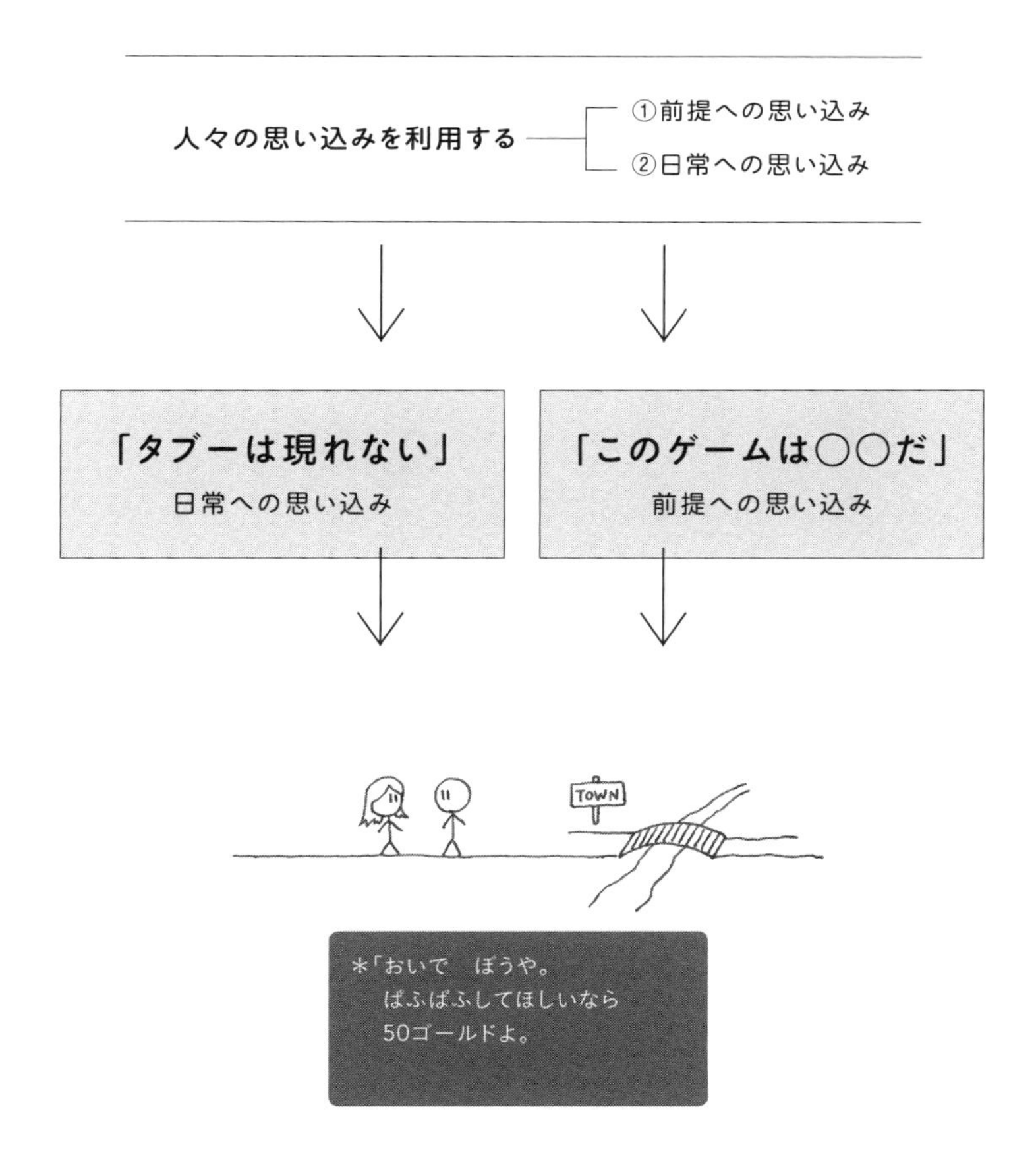
人々の思い込みを利用する
①前提への思い込み
②日常への思い込み
「タブーは現れない」
日常への思い込み
「このゲームは○○だ」
前提への思い込み
TOWN
＊「おいで　ぼうや。
ぱふぱふしてほしいなら
50ゴールドよ。

突然ですが、以下の問いにお答えください。

問1
ドラクエ1、諸悪の根源「竜王」を倒すための冒険も終盤。やっとのことで竜王にたどりついたプレイヤーに対して放たれる竜王の一言は、プレイヤーを驚かせました。**その驚きの一言とは、いったい何でしょうか？**

問2
ドラクエ2からの出題。重要なアイテムを持つ盗賊が囚われている牢屋に向かうと、脱走したとのこと。世界中を駆けまわりながら懸命に盗賊を探すプレイヤーを驚かせた**本当の居場所とは、いったいどこでしょうか？**

問3
ドラクエ3の終盤、プレイヤーは異世界へと旅立つことになります。その異世界を見てプレイヤーは驚愕しますが、**いったいどんな世界だったからでしょうか？**

ドラクエ3の世界から異世界に旅立つと……

こたえはこうです。

問1　竜王から「仲間になれば世界の半分をやる」と**おいしい話**を提案された。
問2　逃げたはずの盗賊なのに、**牢屋の中**に隠れていた。
問3　ドラクエ3の世界から入り込んだ異世界は、**ドラクエ1の世界**だった。

ドラクエは一般的には「王道で教科書的」と評されますが、実は真逆なんですね。**プレイヤーをことごとく裏切る過激で非教科書的なゲーム**、それこそがドラクエの正しい評価だといえます。ちょっとややこしい表現をしますが、**非教科書的なデザインをできているところこそが教科書的**だというべきでしょう。

専門用語が多くて、システムが複雑で、数字や文字ばかり……ドラクエが属するロールプレイングゲームというジャンルが抱える問題は、非教科書的で驚きに満ちた体験によって見事に払拭されました。

そんな驚きを生む体験デザインを、**「驚きのデザイン」**とよびましょう。

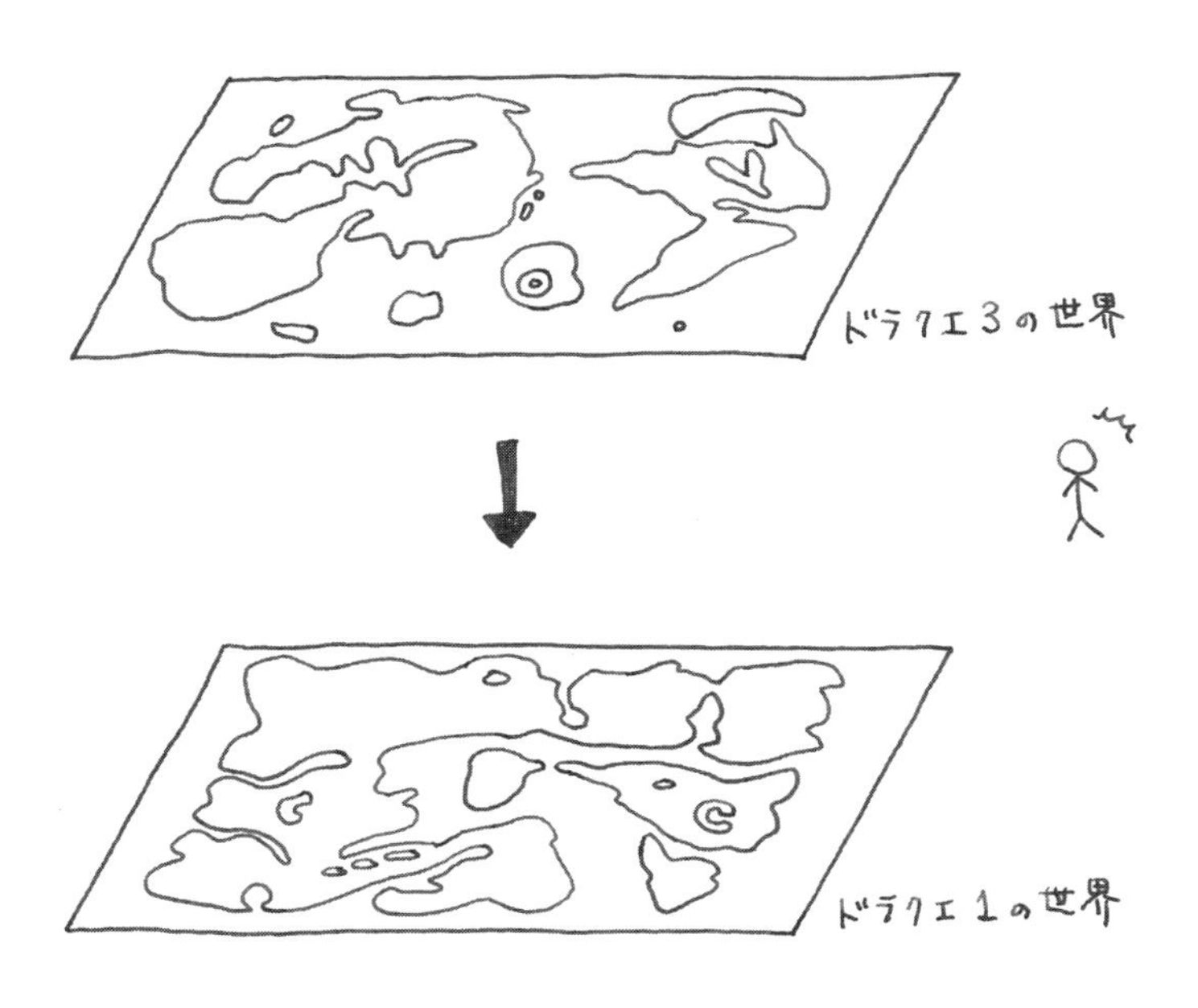

……ドラクエ3から旅立った異世界は、ドラクエ1の世界だった

1 誤解 自発的に「○○するのかな?」という誤った仮説を立てる。
※ただし、プレイヤーは仮説が合っていると思い込んでいる。

2 試行 自発的に「○○してみよう……」と試しに行動を起こす。
※ただし、プレイヤーは試行が合っていると思い込んでいる。

3 驚愕 自発的に「○○はまちがいだった!」と驚く。
※ここではじめてプレイヤーは仮説・試行が誤りと気づく。

誤解し、試行し、予想外な結果のことが起きて驚く。こういった一連の体験によってプレイヤーを驚かせるのが「驚きのデザイン」です。直感のデザインの連続の中で疲れや飽きが溜まったプレイヤーに対して用いることで、**疲れや飽きを拭い去り、より長時間の体験をもたらすために使います。**

……と、整理するとシンプルなんですが、これを設計するにはしっかりと手間をかけて、計画的に考えなければなりません。手順はこうです(先にお伝えしておきますが、**かなり面倒くさい手順**を踏まなければなりません)。

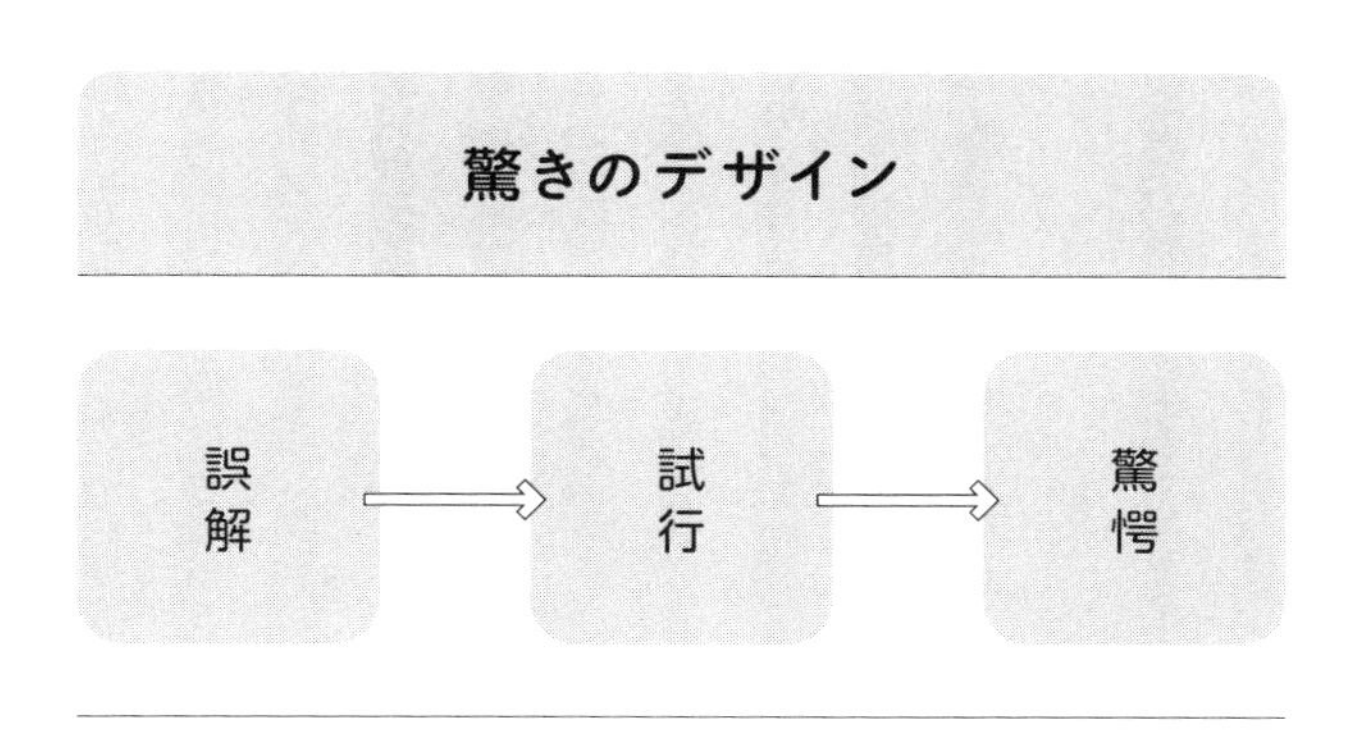

驚きのデザインの模式図

1 疲れや飽きのタイミングを見極める

ドラクエにおける「8つのコマンドの学習の完了時」のように、疲れ・飽きがピークに達するタイミングに目星をつけます。

2 誤解へ導く世界観を事前に構築する

「このゲームはシリアスだ」のような誤解をさせるために、じっくりと時間をかけながら誤った世界観を学ばせ、誤解させます。

3 誤解が露呈する演出をデザインする

「このゲームは○○だ」「タブーは現れないはずだ」というふたつの思い込みを同時に裏切る演出を施します。ドラクエの「ぱふぱふ」のように。

これでやっと効果的なぱふぱふができ上がり……というわけですが、正直なところ、かなりたいへんな作業です。率直なところ、ここまで手の込んだ驚きのデザインは、一本のゲームの中でもそうそう実現できるものではありません。

たとえば、この本をはじめて読んだ時こそ、ぱふぱふの登場に驚いていただけるとは思いますが、再読した時には「はいはい、ぱふぱふね」と流されてしまうばかりで、二度と驚いてはもらえないでしょう。

そもそも、前提への思い込みのところで誤解させるためには、長い時間をかけて嘘を伝え続けなければいけません。前提への思い込みを何度も裏切り続けることは、土台むずかしいことだと言えます。しかし、そんな状況にあっても、疲れと飽きはプレイヤーに積み上がっていきます。どうにかして、もっと手軽に驚きのデザインを実現できればいいのですが……。

そこで有効なのが、**前提への思い込みを覆すのは止めて、日常への思い込みを破る「タブーのモチーフ」だけで驚かせる**というアプローチです。驚きは小さくなりますが、疲れと飽きを軽減してくれる一定の効果はあります。

この本では、代表的なタブーのモチーフを10個にまとめました。ご覧ください。

1. 性のモチーフ

肉体／健康美

恋愛沙汰

婚姻

性器／性行為

出産／赤ちゃん

繁殖

ときめく感じ

エッチな感じ

2. 食のモチーフ

食べ物／飲み物

食べる行為／飲む行為

料理／食材の加工

飲食や料理のにおい／音

シズル感

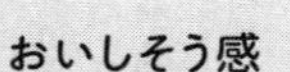

収穫や狩り／飢え

おいしそう感

腹減った感

3. 損得のモチーフ

お金／財

お金／財の増減

お金持ち／貧乏

競争／勝負

贈与／交換

羨望／嫉妬

お金欲しい感

損したくない感

4. 承認のモチーフ

仲間／友情

家族／血のつながり

懐古／流行／「あるある」

役割／職業／肩書

国家／階級／上下関係

自己承認感／全能感

認められた感

所属してる感

タブーのモチーフ　1〜4

まずは、誰もが本能的に求めてしまう**ポジティブなモチーフ**群です。

ゲーム黎明期、脱衣マージャンというジャンルがありました。コンピュータならではのアコギな高難易度マージャンを遊ばせ続けたのは、ほかでもないエッチなイラストです。そんな「性のモチーフ」と同じように、私たちの冷静さをかき乱す「食」「損得」「承認」といったモチーフを体験の端々に登場させることで、長時間の体験で生じた疲れや飽きを和ませることができます。

逆に言えば、こういったモチーフが登場しないコンテンツを探すのは、至難の業です。コンテンツが**「最後まで体験し尽くしてもらうこと」**を目指す限り、タブーのモチーフはどうしても必要になるというわけですね。もしあなたが体験をデザインする際には、端的に次のような指標を持たれるとよいかもしれません。

「その体験は、人間が本能的に欲するものを描いているか？」

5. けがれのモチーフ

汚物／排泄物

腐ったもの／菌の増殖

醜さ／グロテスクな生物

非道徳なふるまい

犯罪／悪

悪魔／悪魔憑き／呪い

汚い感

罪悪感

6. 暴力のモチーフ

喧嘩／肉体的暴力

殺傷武器／兵器

大量殺戮／絶滅

略奪／搾取

蔑み／差別

自由の剥奪

痛い感

一方的感

7. 混乱のモチーフ

誤り／まちがい

矛盾／不条理

記憶喪失／異世界

多量の情報／情報がない

天変地異／物理法則の崩壊

動きが高速／大きさが異常

まちがってる感

クラクラ感

8. 死のモチーフ

血／怪我

死

絶体絶命／死が近い状況

死体／ゾンビ

弔い／墓

幽霊／異形の存在

死に近づく感

オカルト感

タブーのモチーフ　5～8

次に、誰もが忌み嫌う**ネガティブなモチーフ**群です。

ゲームに限らず、あらゆるコンテンツに悪役は不可欠です。悪役はけがれに満ちていて、傍若無人に暴力を振るい、爆発や天変地異のような混乱を引き起こし、強烈な痛みや死をもたらします。

といっても、悪役はあやつり人形にすぎません。悪役をあやつり悪いことをさせている張本人、真の悪は誰かといえば……**悪役をデザインしたデザイナーその人**ですね。デザイナーはみずからの人格が疑われるかもしれない不安を捨て、意識的にネガティブなモチーフを用いなければいけません。すべては体験の受け手を驚かせ、ひいては体験を持続させるために。

こういった議論を体験デザインの指標にまとめると、こうなります。

「その体験は、目をそむけたくなるものを描いているか？」

ここまで10個中8つのモチーフについてまとめてきましたが、あとふたつは少々複雑なので、事例を交えつつ説明させてください。

シリーズ4作目・ドラクエ4は、社会現象とよばれるまでのシリーズ大ヒットを受け、大量のデータを使った壮大な冒険物語となりました。プレイヤーが操作できるキャラクターはなんと8人、ゲームは第1章から第5章までに分けられ、個々のキャラクターが最終的に勇者の元に集い世界を救うまでを描ききっています。

となると、当然のことながら、**ゲームのプレイ時間は一気に長くなります。**クリア所要時間は、平均して20~30時間ほど。これだけの長時間プレイヤーに遊び続けてもらうためには、本能的に欲するものや目をそむけたくなるモチーフをチラチラ出すだけでは力不足です。**長い時間まじめに冒険し続けたことで溜まっている膨大な疲れや飽きを癒やすための強力なしかけ**が欲しいところです。

そこで、ドラクエ4が導入したのは……

ドラクエ1

平均クリア時間　約10時間

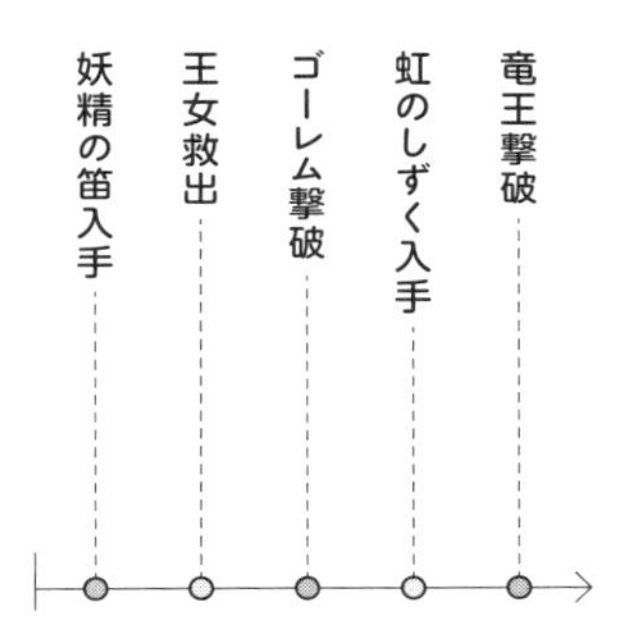

ドラクエ4

平均クリア時間　約20～30時間

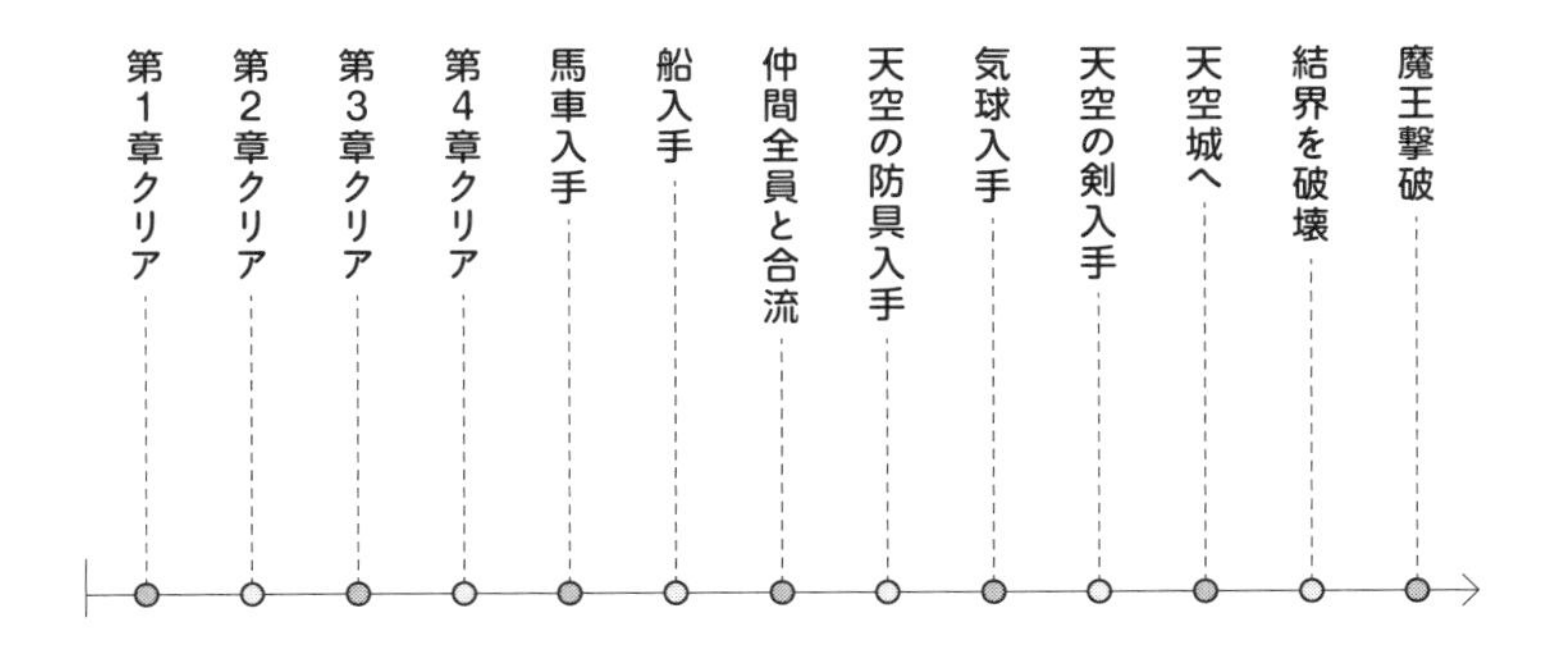

ドラクエ1とドラクエ4の平均クリア時間

カジノです。魔王は今も非道の限りを尽くし、人々を殺戮（さつりく）しているというのに、魔王を打ち倒して世界に平和を取り戻すべき勇者が、こともあろうにカジノに入り浸るとは何事でしょう！　しかし、これこそがドラクエシリーズのデザイナーが下した決断、意図的な体験デザインでした。

カジノにはスロットやポーカーのような賭け事が並んでいて、勝つとコインが得られ、さまざまな強い武器防具と交換できます。それまでコツコツと無数のモンスターとの戦闘を重ね、コツコツとお金を貯めては武器防具を買ってきたプレイヤーに対して、一攫千金で装備品を与えてしまうのです。そんなことをしたら、まじめにお金を貯めてきたプレイヤーをガッカリさせかねません。

しかし、それこそがデザイナーの狙いなんです。**努力を重ね、学びながら冒険しようとするプレイヤーのまじめさを、カジノは意図的に奪います。**そうしなければ、やがてプレイヤーには疲れや飽きが蓄積し、デザイナーにとって最悪の事態が起きてしまうかもしれないからです。その「最悪の事態」とは……

……疲れや飽きが限界を超え、プレイヤーがゲーム自体を止めてしまうこと。これこそが最悪の事態です。だからカジノは、**あえて冒険を一時停止するためにデザインされている**のですね。

しかし、最終的には一時停止を解除して、冒険へとカムバックさせなければいけません。もちろん、そのためのしかけも備えてあります。カジノでひとしきり遊ぶと、プレイヤーの手元には冒険に役立つ装備品やアイテムが残ります。**すっかり遊んでスッキリして、しかも手には強い装備品やアイテムがある**……そんな状況をつくることで、プレイヤーが自然と冒険に旅立つように仕組んでいます。

本当のカジノならカジノ自体が負けないように確率が調整されていますが、ゲームの中のカジノだからこそ、プレイヤーに勝たせ放題です。逆に怪しまれない程度の確率でプレイヤーに勝たせて、気持ちよく冒険へと送り出してくれます。

キーワードは**「確率」**。確率が応用されるのは、カジノに限ったことではありません。たとえばモンスターとの戦闘中、ごく稀(まれ)に出る強烈な攻撃、その名も……

「かいしんのいちげき」。発生確率は数%しかありませんが、出たときの気持ちよさは格別です。強敵に圧倒され敗北の手前まで追い込まれたとしても、「かいしんのいちげき」さえ出れば逆転もありえます。コツコツ戦って敵を知りレベルを上げるという地道な努力と、幸運の女神のほほえみ。戦闘シーンひとつにも、対照的な要素がバランスよく配分され、疲れや飽きを拭い去ろうとしています。

懸賞やおみくじ、はたまた「お金落ちてないかな?」という気持ちのように、ついラッキーを求めてしまう私たちの心を、ゲーム業界では射幸心とよびます。この言葉を使って、10個中9つめのタブーのモチーフを**「射幸心と偶然のモチーフ」**としましょう。体験デザインの指標として**「その体験は、ユーザに何かを賭けさせ、祈らせているか?」**と考えるとよいかもしれません。

さあ、いよいよ10個中10個目、最後の驚きのモチーフです。ページをめくって右側にヒントの画像を掲載しましたので、推理してから本文をお読みください。「これのいったい何が、驚きにつながるの?」とポカンとされるかもしれませんが……

9. 射幸心と偶然のモチーフ

賭け事

くじ

幸運を祈る

偶然

思いつき／アイデア

幸運が舞い降りる

賭けている感

祈ってる感

タブーのモチーフ　9

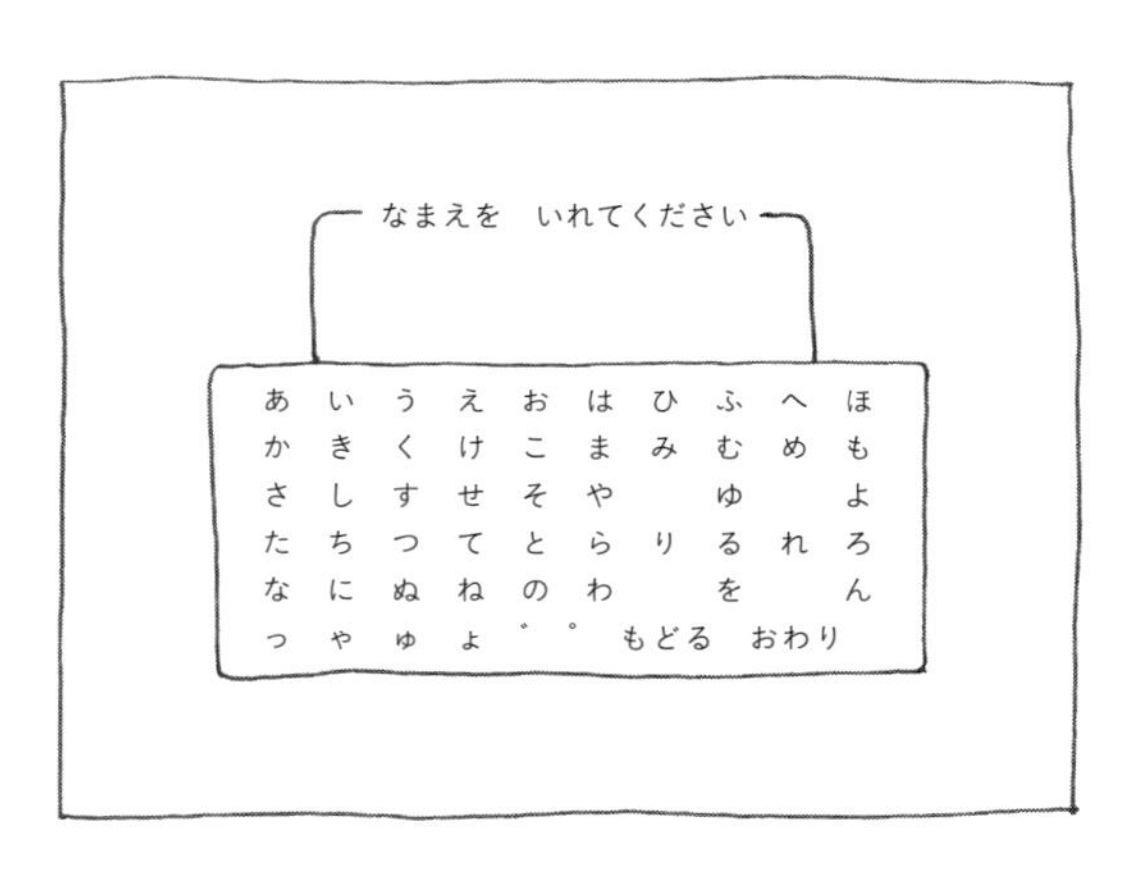
なまえを　いれてください
あ い う え お は ひ ふ へ ほ
か き く け こ ま み む め も
さ し す せ そ や ゆ よ
た ち つ て と ら り る れ ろ
な に ぬ ね の わ を ん
っ ゃ ゅ ょ ゛ ゜ もどる おわり

名前入力画面

右ページには、プレイヤーが勇者の名前を入力する画面が掲載されています。

ゲームを開始した直後、プレイヤーは必ず勇者の名前を決めなければなりません。黒字に白文字、ずいぶんと素っ気ない場面ですが、ドラクエを遊んだプレイヤーに話を聞くと、**この画面にまつわる思い出がたくさん出てくる**んです。


「自分の名前ではじめたら、妙にかっこ悪くてやりなおした」

「好きな人の名前を入れてしまって、友達に見せられなくなった」

「ウンコとかなんとか、最悪な名前をつける奴がいて、あきれた」

「あの画面の音楽が妙に耳に残ってる」


これほどまでに印象に残っているということは、**何か心を動かす強烈な体験がこの画面で発生していると推測するのが筋**というものです。

その理由についてひもとくために、ドラクエシリーズからもう一作、屈指の人気を誇るドラクエ5（1992、ENIX）の事例をあげさせてください。ファンの意見を二分したスゴい体験デザインです。

ドラクエ5のサブタイトルは「天空の花嫁」、主人公の幼少期から青年期までを追いながら、世代を超えて巨悪を倒すというストーリーを描いています。そんなドラクエ5でもっとも印象深いのが、**結婚イベント**です。しかも、ふたりの女性のうちひとりを選ばなければならないという、しかけつきなんです。

ひとり目の花嫁候補のビアンカは主人公の幼なじみ、勝ち気な性格ながら主人公のことをこっそりと慕う美女です。ふたり目の花嫁候補はフローラ、お金持ちの箱入り娘でおしとやかながら、真面目で実直なところもある美しい女性。プレイヤーは唐突な結婚イベントに面食らい、必死で悩み、結婚相手を決めるのですが……率直にいいますと、**思いっきり女性の好みが出てしまいます**。プレイヤーはみな「お前、どっちと結婚した?」なんて話で盛り上がっていましたし、ネット上ではいまだにファン同士が言い争っているほどです。

さて。ご紹介したのは、勇者の名前入力画面と結婚イベントにおける花嫁選びの事例でしたが、これらふたつには共通点があります。それは……

あなたなら、どちらと結婚しますか？

名付けのセンス、結婚相手の好み……**プレイヤーのプライベートな部分を引きずり出してしまう体験**だという点で共通しています。

平穏な日常では、みな同じように自分のプライベートな部分を隠して暮らしています。プライベートが人に知られてしまっては、平静ではいられませんから。要は、私たちは「日常ではプライベートな部分は隠されなければならない」と思い込んでいるわけで、だからこそプライベートなモチーフは驚きをもたらします。

10個中10個目、最後のタブーのモチーフとして「**プライベートのモチーフ**」をあげます。ユーザの内面が明らかになってしまうようなコンテンツは強烈な驚きを生み出します。体験デザインの指標としては「**その体験は、性格が出るか?**」と問いながらデザインするとよいでしょう。

さて。ここまで4つの体験デザインの指標をあげてきました。それらをまとめつつ、徐々にこの章もまとめに入っていきましょう。

10. プライベートのモチーフ

ユーザ自身の秘密

ユーザ自身のお金

ユーザ自身の過去

ユーザ自身の性格／センス

ユーザ自身の身辺情報

はずかしい感

秘密感

タブーのモチーフ　10

人間が本能的に欲するものや目をそむけたくなるものを描きながら、プレイヤーに**何かを賭けさせ、祈らせ、プレイヤーの性格が出てしまう**ように仕向ける。そんな体験デザインでプレイヤーに驚きをもたらすことが、直感のデザインの連続による疲れや飽きを払拭し、さらなる体験へと誘います。それこそが、つい夢中になってしまう体験をデザインする際の基本戦略です。

あえて言えば、驚きのデザインは、体験を止めずに続けてもらうための必要悪と表現できます。もしプレイヤーがきわめて勤勉で疲れ知らずな人だけだとしたら、驚きのデザインは必要ないかもしれません。しかし、たくさんの人々に受け入れられるポップな体験をつくるとき、決してこの視点を忘れることはできません。

もしよろしければ、この本をいったん置いて、あなたの身のまわりにあふれる無数のコンテンツに目を凝らしてみてください。そこには**2種類の体験が独特のリズムでならんでいるはず**です。情報を直感的に理解・学習してもらうための場面と、驚きや興奮を引き出す場面の2種類の体験は、どう並んでいるでしょうか。

驚きのデザイン

原則	予想が外れる「驚き」で疲れや飽きを払拭する

人々の思い込みを利用する
- ①前提への思い込み
- ②日常への思い込み

タブーのモチーフ

性　食　損得　承認　けがれ　暴力
混乱　死　射幸心と偶然　プライベート

第2章　驚きのデザインのまとめ

もっともわかりやすいのは、ポルノや猟奇映像のような本能的興奮のみを指向するコンテンツです。言うまでもなく、タブーのモチーフで埋め尽くされています。

CM・漫才・ニュース・宣伝のためのホームページなど、体験が短時間に制限されるコンテンツの場合、驚きのデザインが冒頭に現れ、その後も高い密度で登場します。こまめに注意を引きながら情報を伝えようとしているんですね。

一方、映画・TVドラマ・舞台・コント・ゲームのような時間的に長い体験をもたらすコンテンツの場合は、冒頭は直感のデザインからはじまり、直感のデザインが続く中、機を見て驚きのデザインが入るという構造になっていきます。

もしかすると読者のみなさんの中には、急に自分と関係のない話題になったと思われた方もいらっしゃるかもしれませんが、そんなことはありません。

たとえば泣いている子どもをあやすとき「どうしたら泣きやませられる？」「何を話せば興味を引ける？」なんて悩むものです。**コミュニケーションを成立させるために、どんな内容をどんな順番・どんな割合で話すのか？** そんな悩みを抱いたことのあるあなたは、実はすでに立派な体験デザイナーなんですね。

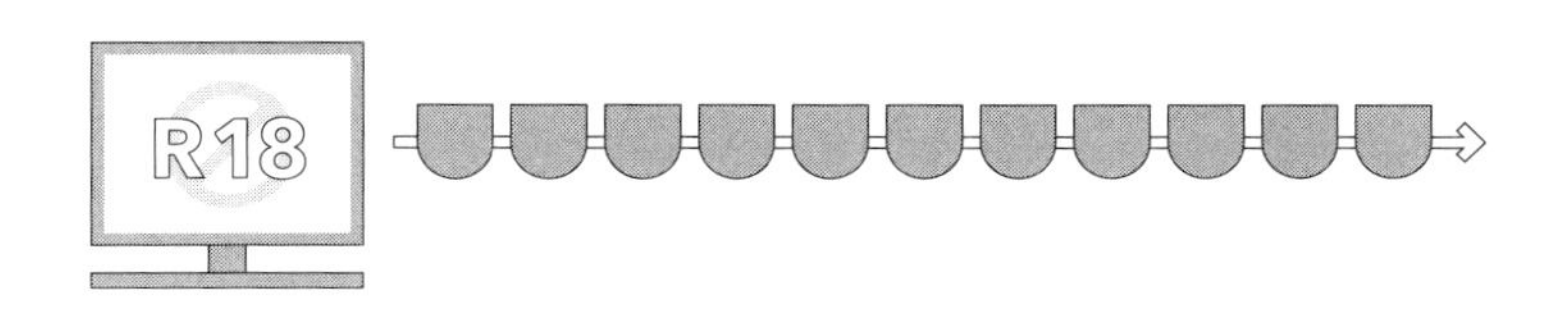

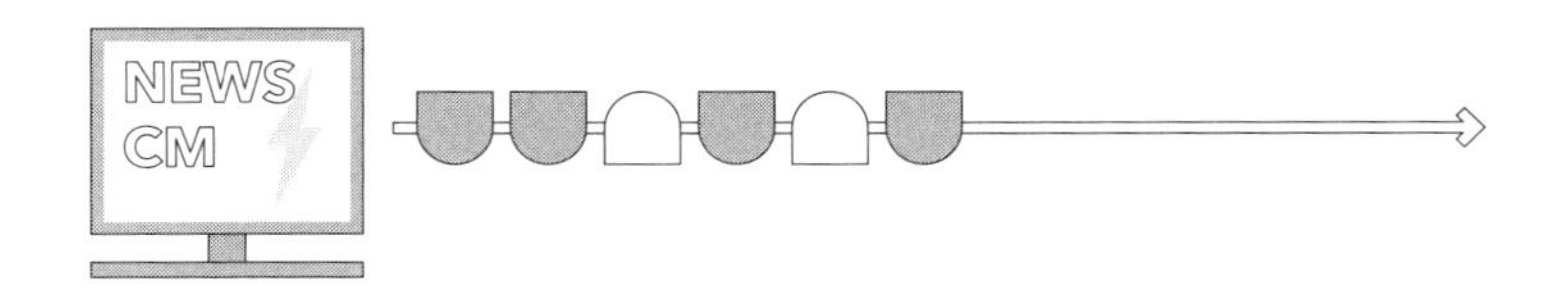

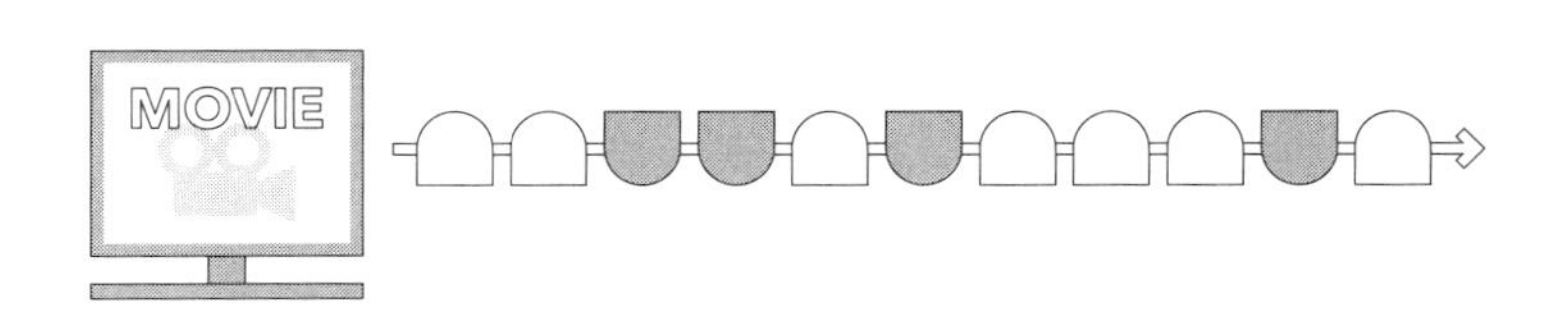

「直感のデザイン」「驚きのデザイン」の配置

ドラクエシリーズのデザイナーである堀井雄二さんが成し遂げたのは、ロールプレイングゲームという「おもしろいけど難解なゲーム」を日本に輸入し、人々に広めたことでした。そこで効果を発揮したのが、本章のテーマ・驚きのデザインだったといえます。「ぱふぱふ」のような非教科書的なデザインを駆使して文字と数字ばかりのロールプレイングゲームを認知させた後も、ドラクエ1・2・3とシリーズを重ねるたびに**新しいデザインに挑戦し、プレイヤーを驚かせ続けています。**

考えてみれば、**ゲーム業界の発展の歴史だって同じ**です。ゲームに遊び疲れ、やがては飽きてしまうプレイヤーとの戦いの中で、ひたすら新鮮な驚きをもたらすことができたメーカーだけが生き残ってきました。

日本のゲーム業界を実質的に立ち上げ、第1章でとりあげたスーパーマリオを生み出した任天堂も、いかにゲーム業界を存続させるかを第一に考え続けています。かつて代表取締役社長だった故・岩田聡さんは、ゲームという商品の宿命と使命について、こう言っています。

1986	ドラクエ1	ロールプレイングゲームの輸入
1987	ドラクエ2	3人パーティ制の導入
1988	ドラクエ3	4人パーティ制 職業の概念の導入 ドラクエ1のつながりを描写
1990	ドラクエ4	8人の主人公と全5章構成 カジノ導入
1992	ドラクエ5	世代を超えた冒険を描くシナリオ モンスターを仲間にできる
1995	ドラクエ6	職業ごとのレベルアップ 二重の世界を描くシナリオ
2000	ドラクエ7	自由なシナリオ進行 平均プレイ時間100時間超
2004	ドラクエ8	2Dから3Dへ 武器防具作成システム
2009	ドラクエ9	据え置き機から携帯機へ データ配布・交換システム
2012	ドラクエ10	ネットワークゲーム 複数ゲーム機への対応
2017	ドラクエ11	据え置き機と携帯機の連動 エンディング後の新しい遊びかた

ドラクエシリーズの新しい取り組み

「ゲームは生活必需品ではない。だから、驚きが必要だ。」

生活必需品は、生きるために必要不可欠であるからこそ、飽きられることがありません。洗濯洗剤を使うことに飽きる人なんて、いませんよね。

一方ゲームは、生きるために必要不可欠なものではないので、本当にあっさりと飽きられます。だからこそゲームはひたすらプレイヤーを驚かさなければなりませんし、ゲーム業界も新しいゲームで驚かせ続けなければならない宿命なんですね。直感的に遊べる一方で、プレイヤーの予想を裏切り驚かせる。背反するふたつの体験を織り交ぜながら、ゲーム業界は存続してきたのです。

さて。本章冒頭の問い「なぜゲームは遊び続けられるのか」のこたえは、**連続する直感のデザインに驚きのデザインを織り交ぜているから**だといえます。これでゲームは「遊べる」から「遊び続けられる」へと進化したわけですが……。

実はここで、**ゲームというものを根底から揺るがす大問題**が現れます。

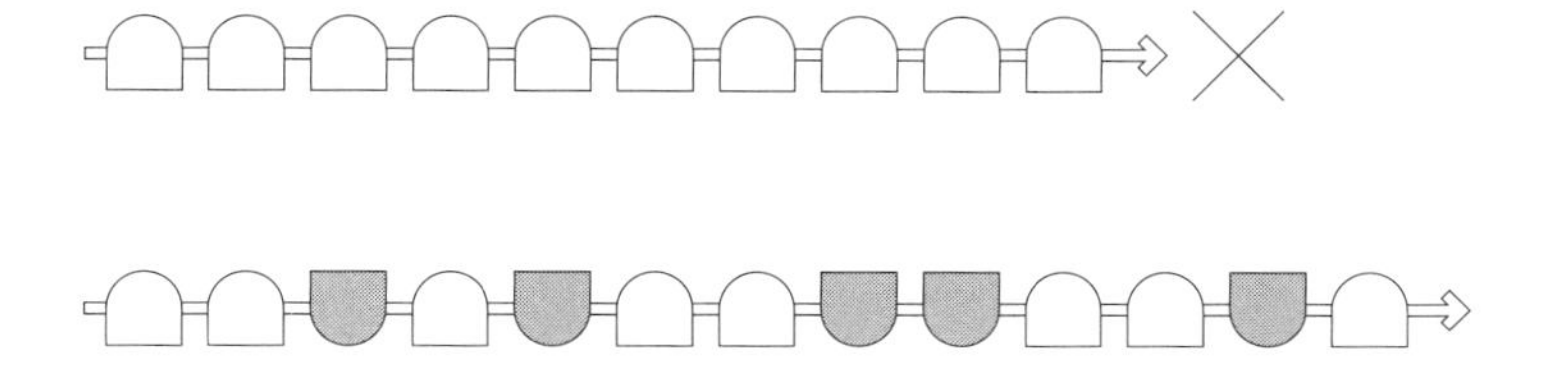

驚きのデザインを織り交ぜることで、続けられる体験になる

ゲームを遊んでも、役に立つことなんていっさいありません。そんなゲームを遊び続けたところで、何の意味があるというのでしょうか。率直に言いましょう。

ゲームを遊ぶなんて、時間の無駄だ。

なるほど、確かに驚きのデザインを活用すれば、長い体験を実現できます。しかし、もしゲームが提供する長い体験に意味も意義もないとしたら、やがて人々はゲームから離れていくでしょう。

実際、ゲームを敵視し、ゲームを社会から排除しようとする考えも現に存在していますし、一理あるというものです。

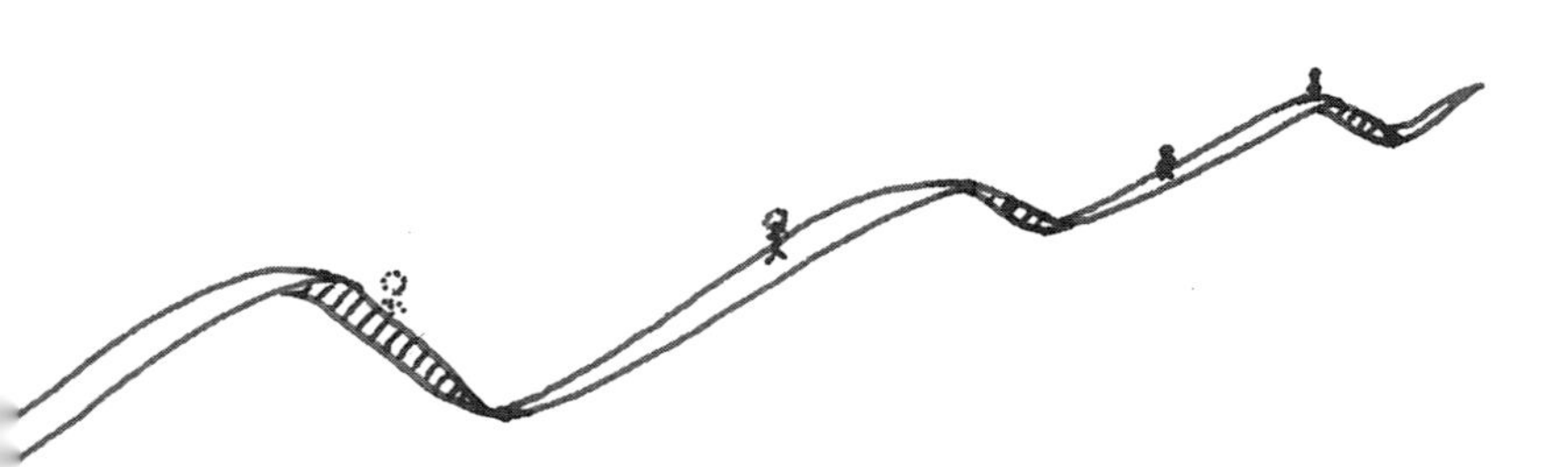

しかし。ゲームは今もちゃんと存在していることも、ご存知の通りです。

ということは、逆説的にこんな風にも言えるはずです。ゲームが今日まで何十年も生き残ってきたからには、**ゲームを遊ぶという体験の中に、何か意義が隠されているはずだ**、と。

ゲームに意義があるとしたら、それはどのような体験としてデザインされているのか。体験の意義とは、いったい何なのか。

いよいよ本書は、体験というものの核心へと足を踏み入れます。第３章のテーマは**「物語のデザイン」**です。

どれだけ長時間の体験をデザインできたとしても
そもそもゲームを遊んで
何の意味・意義があるというのか？

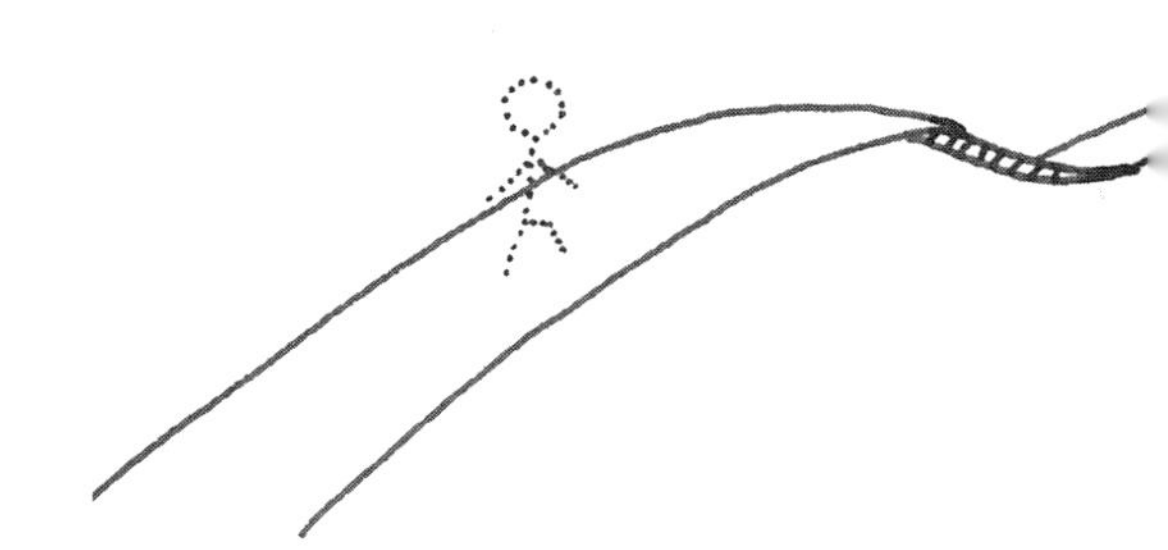

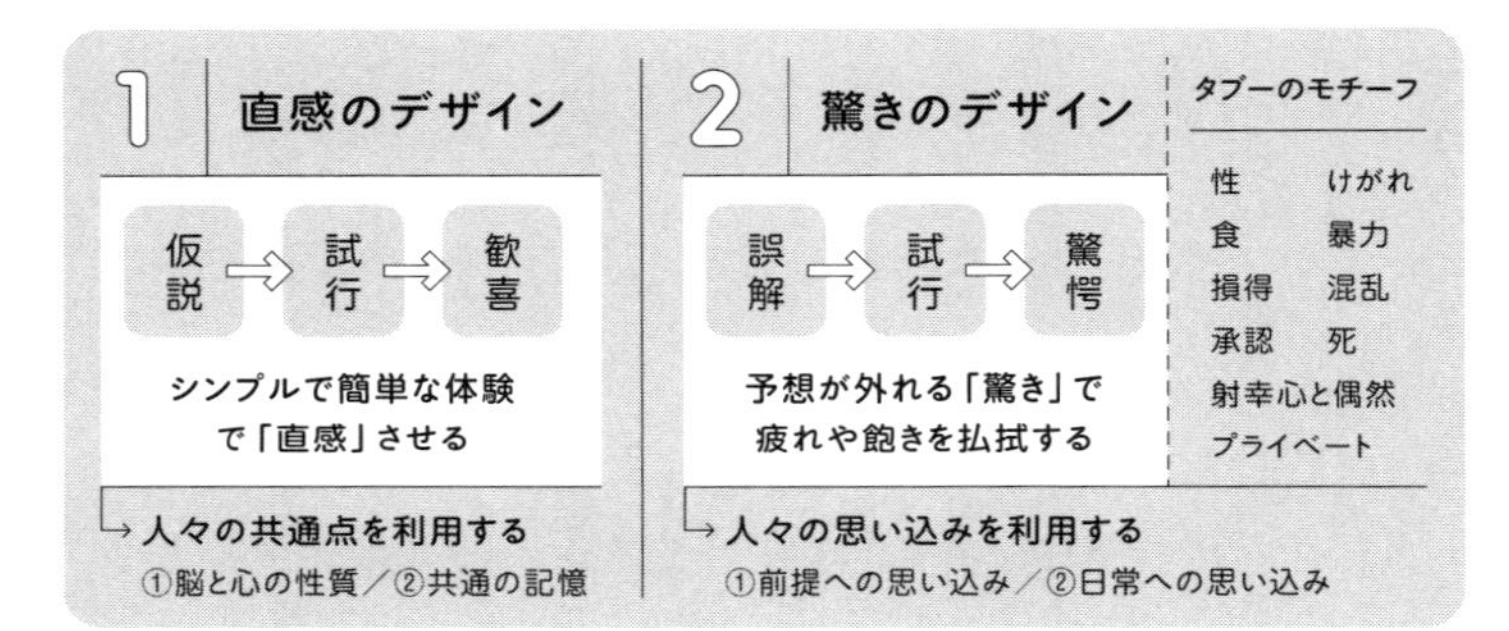
1
直感のデザイン
仮説
試行
歓喜
シンプルで簡単な体験
で「直感」させる
人々の共通点を利用する
①脳と心の性質／②共通の記憶
2
驚きのデザイン
誤解
試行
驚愕
予想が外れる「驚き」で
疲れや飽きを払拭する
人々の思い込みを利用する
①前提への思い込み／②日常への思い込み
タブーのモチーフ
性
けがれ
食
暴力
損得
混乱
承認
死
射幸心と偶然
プライベート

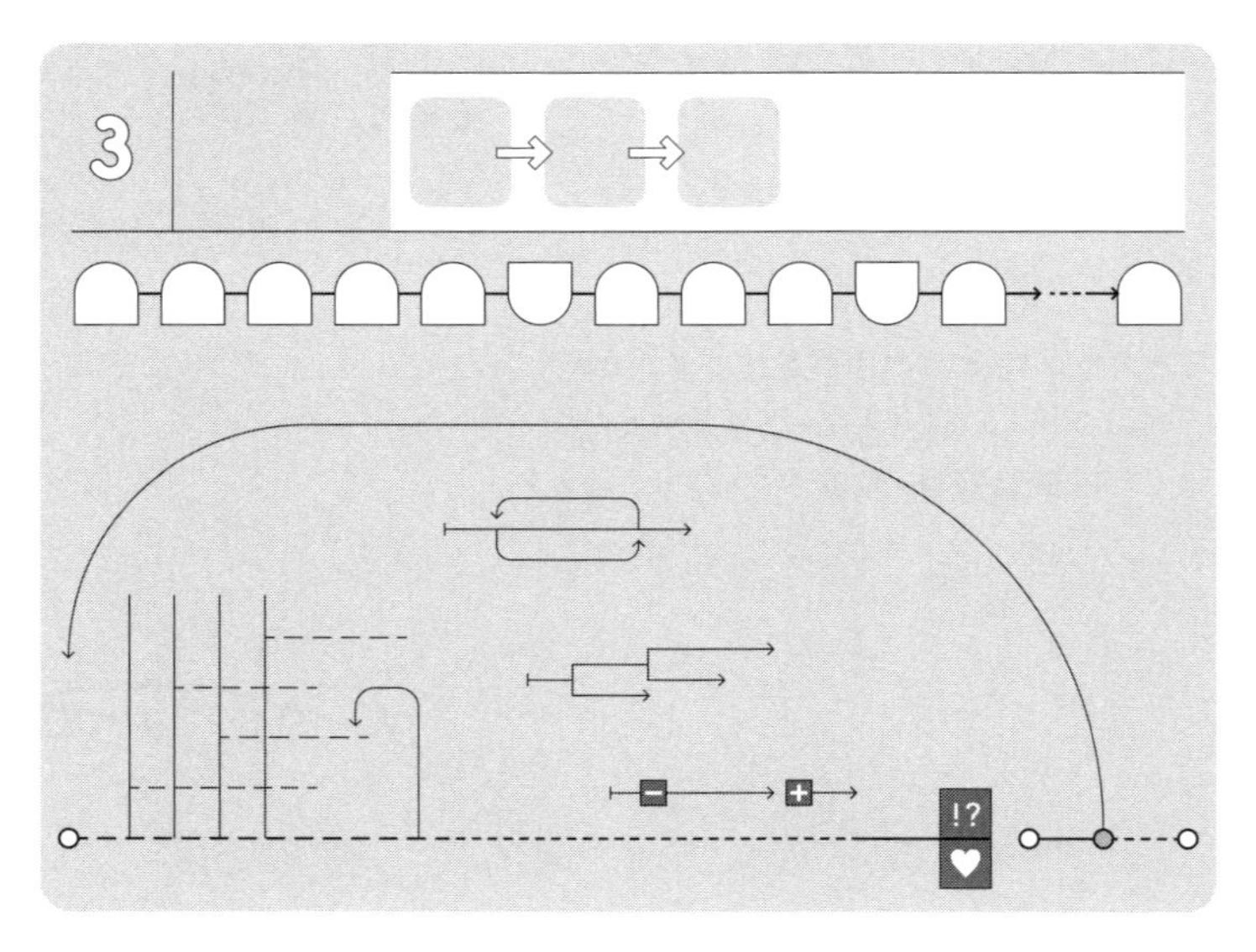
3
!?

第3章

人はなぜ「つい誰かに言いたくなってしまう」のか

物語のデザイン

ファミコン発売から数十年の間。その進化の先端で、名立たるゲーム賞を総なめにした2作を本章のテキストとしたいと思います。1作目は『ラストオブアス リマスタード』(以下「ラストオブアス」と略します)。2作目は『風ノ旅ビト』です。

最近ゲームを遊んでいない方には聞き慣れないタイトルかもしれませんが、ゲーム内容も含めてしっかり解説しますので、ご安心ください。

ゲームを遊ぶなんて、時間の無駄。人々を堕落させる悪魔。ゲームに意義などないと主張する人は絶えません。そんな言論に対し、ゲームはどんなこたえを出したのか。もしゲームに意義があるとしたら、それは何なのか?

そんな謎を読み解くキーワードは「物語」です。

The Last of Us Remastered

ラストオブアス

2014 Sony Interactive Entertainment

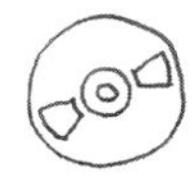

DISK

風ノ旅ビト

JOURNEY

2015 Sony Interactive Entertainment

DOWNLOAD

体験デザインを解説するにあたり、この本はゲーム会社さんの著作権に配慮し、
実際のゲーム画面ではなく模式図で表現してあります。
実際のゲーム画面をご確認されたい場合は、著作権元が公式に公開している
ゲーム画像をご覧いただくか、実際にゲームをプレイしてみてください。

ラストオブアスは、現代を舞台としたアクションゲームです。冬虫夏草のように人間に取り付いてゾンビ化させてしまう謎の菌によって存亡の危機に陥ったアメリカ。感染拡大のパニックの中、男手ひとつで育ててきた愛する娘を失い、絶望の中で生きてきた主人公ジョエルの運命は、20年後のある日、突然動き出します。世界でただひとり菌に耐性を持つ人間、失った娘と同じ14歳の少女エリーと出会うのです。終末を迎えつつある世界を旅するふたりは、どんな「私たちの終わり（The Last of Us）」へとたどりつくのでしょうか……実に重厚な内容です。

これだけ込み入った内容、どうやって伝えているのかといいますと……なんと、**登場人物の台詞**（せりふ）**と映像だけ**なんです。状況を説明してくれるナレーターはいませんし、数えるほどの例外を除き、画面に文字が表示されることすらありません。見た目はもはや映画そのもの、台詞と映像だけで情報を伝えています。

重厚な物語を台詞と映像だけで伝えることに成功した、ラストオブアス。一方、**風ノ旅ビト**はさらに先鋭的なデザインで物語を伝えます。何せ……

ゲームの中に文字はおろか言葉自体が出てこないのです。

風ノ旅ビトのあらすじは、こうです。見たこともない服に身を包んだ主人公は、何の前触れもなく唐突に、広々として誰もいない砂漠の真ん中で目を覚まします。遠くに見えるのは山の頂、主人公はそこを目指して歩きはじめます。といっても、山が目的地であることを示す確かな情報はありません。たまたまめぼしい目標だった山へ向かって歩きはじめただけなんです。

ただでさえ謎の多い設定な上に、作中にいっさいの文字が登場しませんし、台詞の音声による説明などもいっさいありません。そんなとがったデザインでありながら、風ノ旅ビトは無数のゲーム賞を獲得します。さらに驚くべきは、数々の賞で**「物語性が優れている」と評された**点です。

つまりこのゲームは、文字も言葉もなしに物語を伝えることに成功したのです。ここまで来ると、**そもそも物語って何だろう？** という疑問が湧いてきます。

物語はどんな形をしているか？

あなたは「物語」と聞いて、それがどんな形をしているものだと想像するでしょうか？　物語の中身ではなく、あくまで**物語の形**ですよ。この質問を実際にたくさんの人に聞いてみたところ、たいていの人は小説のような文字での表現をイメージしました。なるほど、確かに物語は文字で書かれているような感じがします。

でも……よくよく考えてみると、物語は文字で表現される必要はありません。たとえば映画やドラマのように映像という形で物語を伝えるものはたくさんありますが、字幕なんてなくても物語は理解できますよね。

もうひとつ例をあげるなら、人生だって物語のひとつです。あなたの人生は山あり谷あり、とてもゆたかな物語ですが（ですよね？）、とくに文字では表現されていません。つまり、**文字で表現することは物語にとって必須ではない**んですね。

物語とは何なのか、ますますわからなくなってきました。そこで参考にしたいのが、そのものずばり**「物語論」**という学問分野の研究です。物語論において、物語はどう定義されているのかについて見てみましょう。

物語論において、物語は**ナラティブ**とよばれています。そして物語はふたつの要素、物語内容（ストーリー）と物語言説（ディスコース）から成るとされます。

物語内容とは、「主人公がAに行ってBが起きてCになって」のような一連の出来事を指します。シンプルにいえば**「何があったか」が物語内容**というわけです。といっても、物語内容はあくまで出来事そのもの。その出来事を「どう伝えるか」という手段があって、はじめて物語内容は伝えられます。文章・映像・音声といった表現形式も重要ですし、言葉のチョイスや伝える順番も物語のおもしろさを左右します。そんな**「どう伝えるか」が物語言説**です。

要は**「何があったか」**＋**「どう伝えるか」**。物語内容と物語言説を合わせたものこそが、物語＝ナラティブとなるわけです。

それにしても、ナラティブという言葉って、あまり聞きなれませんよね。でも、実は案外身近だったりもします。ドキュメンタリー番組なんかで、**映像とは別に音声だけで状況を説明する人**がいますよね。あの人、何といいましたっけ？

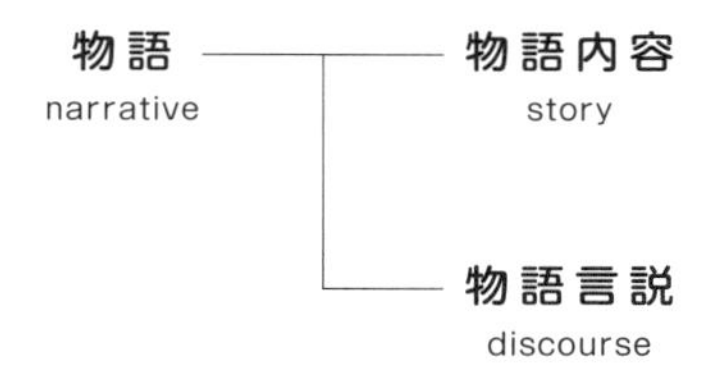

物語論における物語の構成要素

※ もうひとつ、物語は以下の定義がよく用いられます。
「一連の出来事の表象（representation of a sequence of events）」

「一連の出来事」が物語内容に、「表象」が物語言説に対応していますね。

ナレーターですね。ナレーター（narrator）は、ナラティブする人、つまり物語を語る人という意味を持っています。ナラティブする人＝ナレーター。

一方、同じ物語を意味する単語でも、ストーリーにはストーリーヤー（storyer）のような単語がありません。わざわざ伝えるという意味の「tell」を持ってきて「storyteller」としなければ、物語を語る人という言葉にはなりません。

ストーリーとナラティブ。**どちらも日本語では「物語」**と訳されますが、そこには微妙なニュアンスのちがいがあることを感じていただけますか？　ストーリーは「何があったか」、すなわち物語内容に重きが置かれているのに対し、ナラティブは「どう伝えるか」、すなわち物語言説を含むニュアンスがあるんですね。

さて、ここで質問です。**ゲームはストーリーでしょうか、それともナラティブでしょうか？**　ゲームは「ゲームを遊ぶという体験」を通して物語を語ります。そんな物語の伝えかたこそがゲームの特徴ですから、こたえはもちろん……

絵本を読むとき、いろいろと工夫しますよね？

絵本の物語に含まれる「Aが起きて、Bが起きて」は物語内容
文章と絵や大きな本という表現形態や「どう読んであげるか」が物語言説

ゲームはナラティブとよぶのが相応しそうです。プレイヤー自身がみずからの手で冒険を進めながら物語内容を理解していく……そんな体験を提供することで、ゲームは物語を語っています。いわば**ゲームは、文章・音声・映像と同じく、物語の語りかたのひとつ**です。それも、人類史上かなり新しい物語の語りかたです。

近年の技術発展によって、ゲームは映像や音声だけで十分な情報を伝えられるようになりました。もはや映画やドラマと同様の表現力を得たゲームは、人の仕草ひとつを描くだけで、何が起きているのかを如実に語れます。

しかしゲームは、そんな技術がなかった頃から、かなり独特な物語の伝えかたをしてきました。

たとえばドラクエは、兵士に話しかけなければちっとも物語は進みません。プレイヤーはみずから世界を冒険し、自力で個別の情報を集めながら「この世界では、こんなことが起きているんだ……」と推測します。**無数の情報の断片から「何があったか」を理解させる物語の伝えかた**、専門用語では……

人々から断片的な話を聴き集め、全体の物語を理解する

「環境ストーリーテリング」といいます。環境の中に配置された情報をプレイヤーが自発的に集めながら物語を構築していく、そんな物語の伝えかたです。

これ、ちょっと体験していただきましょう。左の図を10秒ほど眺めていただくだけで大丈夫です。では、どうぞ。

†

ただ「眺めて」と言われただけなのに、自然と「何が起きたのか？」を推理してしまったのではないでしょうか。もしかしたら「これは事故じゃない、殺しだ……」なんてつぶやいた人もいるかもしれませんね。どうやら私たちの脳は、情報がバラバラのままにしておくことを嫌うようです。一見するとつながりがなさそうな情報の断片でも、脳はそれらを組み合わせ、「何が起きているのか」をできる限り具体的に推測しようとします。**脳は常に自身をとりまく世界の全体像や状況を把握したがっている**のです。言い換えれば……

被害者は心臓に持病を持っていた

現場には風船の残骸が落ちていた

被害者はつけっぱなしの
電灯の下で発見された

脳は物語を語る臓器だといえます。目・鼻・耳といった無数のセンサーからかき集められた断片的な情報を統合し、これまでの人生と照らし合わせながら「結局のところ、目の前で起きているのは何なのか」という意味を推測し、文脈をつなぎ、あなたの人生という物語を語るナレーター……それが脳の本能的な役割です。

もし、この本能が失われてしまったら、私たちの人生は文脈を失い、途端に空中分解してしまうでしょう。あなたの人生がバラバラな記録の寄せ集めではなく、過去から未来へとつながり続いていく世界でたったひとつの物語だと感じられるのは、脳が持つ**「物語る本能」**とでもよぶべき力のおかげなんですね。

そんな物語る本能を、ゲームはうまく利用しています。先にあげた「環境ストーリーテリング」は断片的な情報をバラバラに伝えるという手法でしたが、これも物語る本能を刺激するための伝えかたのひとつ、というわけです。

といっても、何でもただバラバラに配置すればよいというものでもありません。ゲームを構成する**個々のシーンにも、並べかたというものがある**ものでして……

何が起きて
いるのか？

被害者は心臓に持病を持っていた

現場には風船の残骸が落ちていた

被害者はつけっぱなしの
電灯の下で発見された

まずは、ゲームに登場するさまざまなシーンを分類するところから議論をはじめましょう。ここは思い切って、たった3つのグループに分けてみました。

1 ムービー
じっくり落ち着いて観賞できるため、多くの情報量を得られる
操作はいっさいできないため、受動的な体験となる

2 探索
ムービーよりは少ないものの、ある程度の情報量を得られる
マイペースに操作できる

3 戦闘
切羽詰まった状況のため、得られる情報量はきわめて少ない
身を守るため、集中を伴うきわめて能動的な操作が強いられる

これらを図にしてみると、左ページのようになります。**縦軸は情報量を、横軸は体験が能動的か受動的か**を表しています。こう整理してみると、案外ゲームという体験もシンプルに見えてきますね。

せっかくシーンの3タイプを整理できたので、これを使ってラストオブアスと風ノ旅ビトを分析してみましょう。

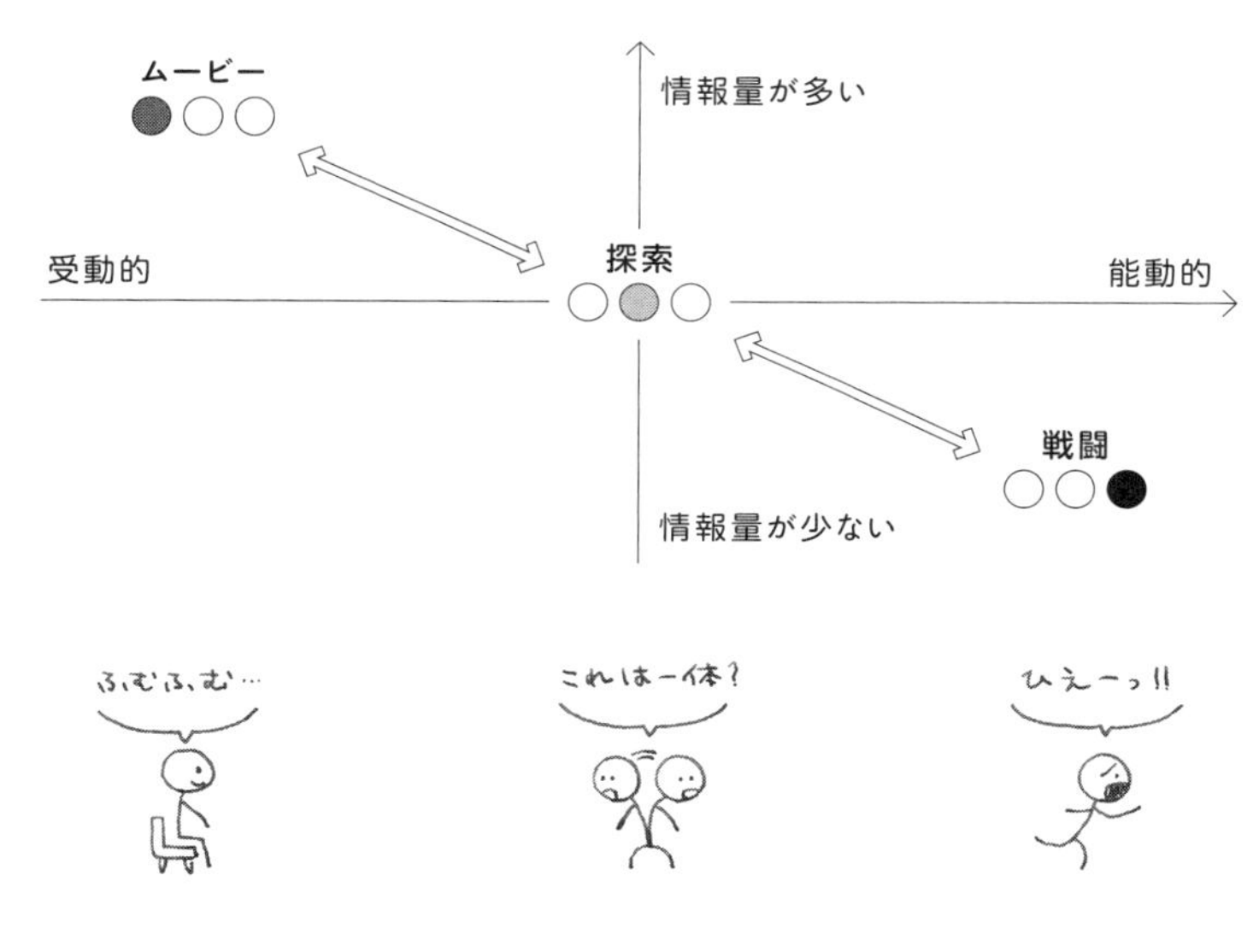

ゲームのシーンの3分類

ページ下部に、両ゲーム序盤のシーン構成を図にまとめました。各シーンの詳細はさておいて、折れ線グラフの部分に注目してご覧ください。

情報量が多く受動的なシーンになると折れ線グラフは上に跳ね上がり、情報量が少なく能動的なシーンでは折れ線グラフが下がります。

……ご覧になって、何か感じることはありませんか？　なんとなく波になっていますよね。これこそが物語の語りかたのポイントなんです。個々のシーンに含まれる情報量と、能動的／受動的。これら**ふたつの要素で波をつくっている**のです。

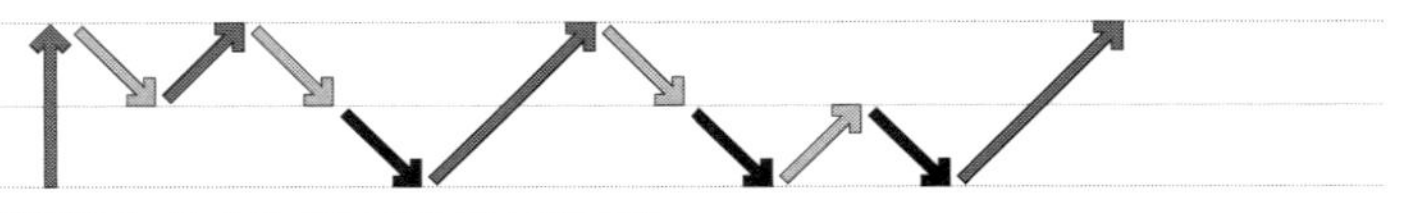

●○○ **ムービー**：ジョエルと娘サラの平和な日常
○●○ **探索**：サラを操作し、夜の家でジョエルを探索
●○○ **ムービー**：ジョエルとサラが街を脱出しようとする様子
○●○ **探索**：サラを操作し、混乱する街を車窓から観察
○○● **戦闘**：ジョエルを操作し、襲い来る感染者から否応なしに逃げる
●○○ **ムービー**：サラ死亡、20年後のジョエルと相棒テスの会話
○●○ **探索**：閉鎖された街と感染者がいる外への道を探索
○○● **戦闘**：街の外で感染者に襲われる
○●○ **探索**：切れた道をつなぐ謎解きの後、ブラックマーケットで宿敵を探索
○○● **戦闘**：宿敵のアジトにて部下と戦闘
●○○ **ムービー**：宿敵から情報を聞き出す様子を観察

ラストオブアス　序盤のシーン構成

これは何もゲームに限ったことではなく、あらゆるコンテンツは同様の構造をしていて、一般的に「テンポとコントラスト」とよばれています。この本もそれに習い、**テンポとコントラストのモチーフ**とよぶことにしましょう。

テンポとコントラストで波をつくる理由はふたつあります。ひとつめの理由はシンプルで、波がなければ疲れや飽きが発生してしまうためです。驚きのデザインと同様の効果を狙っているわけですね。

では、テンポとコントラストで波をつくるもうひとつの理由は……

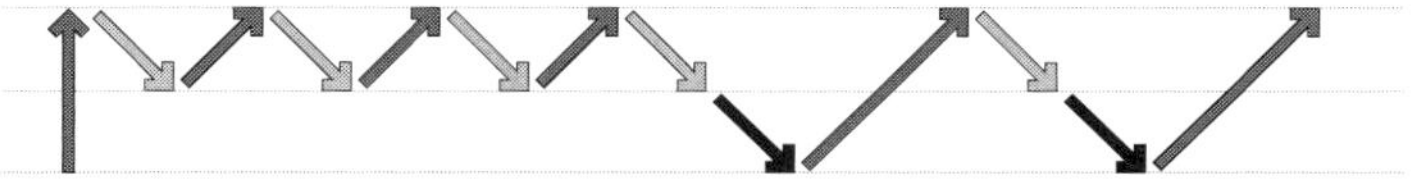

●○○ **ムービー：** 山の頂から光が飛んでくる様子を観察
○●○ **探索：** 主人公を操作し、あてもなく砂漠を探索
●○○ **ムービー：** 謎の存在からこの世界の真実についてと思われる啓示を受ける
○●○ **探索：** 引き続き砂漠を探索、主人公に似た同行者が現れる
●○○ **ムービー：** 謎の存在からの情報を再び観察
○●○ **探索：** 引き続き砂漠を探索
●○○ **ムービー：** 謎の存在からの情報を再び観察
○●○ **探索：** 引き続き砂漠を探索
○○● **戦闘：** 砂漠の谷の急斜面を滑り降りる
●○○ **ムービー：** 謎の存在からの情報を再び観察
○●○ **探索：** 地下遺跡を探索
○○● **戦闘：** 謎の敵対的存在に襲われ、逃げる
●○○ **ムービー：** 謎の存在からの情報を再び観察

風ノ旅ビト　序盤のシーン構成

物語る本能が行う未来の予想をシンプルで簡単にするためです。今度は直感のデザインと似た効果ですね。

まず、個々のシーンを短くして、**それぞれのシーンで理解しなければならないことを最小限に**します。シーン毎の情報量を減らすことで、物語は理解しやすくなり、先の展開を予想しやすくなり、やがてテンポが生まれます。

その上で、さらに「ムービー↓探索↓戦闘↓ムービー」といったコントラストの強い波をつくります。プレイヤーは無意識に波のパターンを認識し、そのうち「ムービーが終わったから、そろそろ探索するか」「強い敵を倒したから、ムービーが流れて話が進むにちがいない」なんていう予言めいた予想すらできるようになってしまう、という寸法です。

テンポとコントラストは、一連の体験を波のように心地よく揺らし、時間を忘れさせます。**体験デザインにおいて、時間という概念はいつだって重要**です。

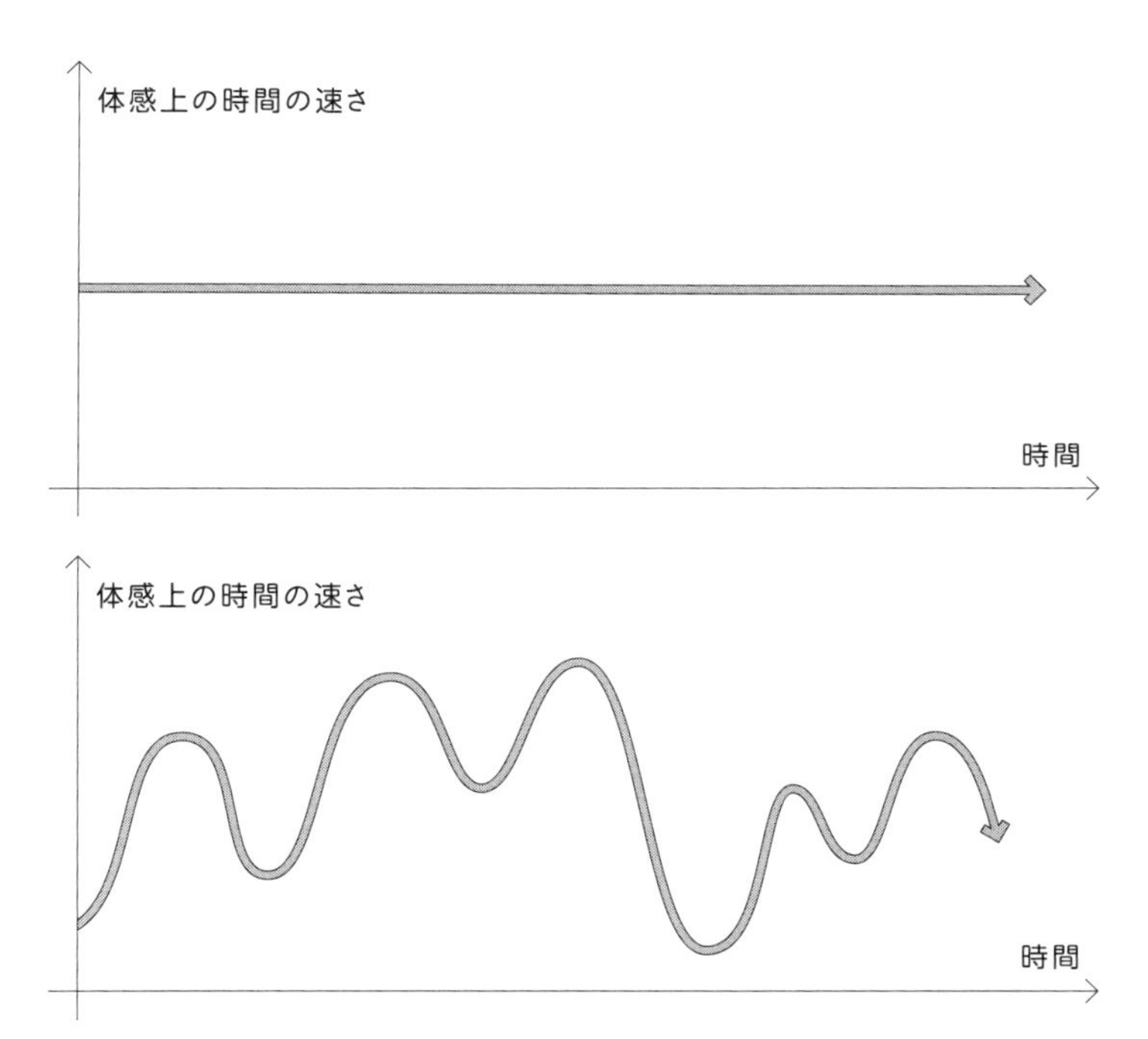

時間軸に沿った波としてのテンポとコントラスト

「笑いとは、緊張と緩和である」

こう言ったのは、落語家の桂枝雀さんです。張り詰めた緊張が緩和されたとき、人は笑う……というのが表面的な意味ですが、深読みすると、こうも読めます。ただ強く緊張させればよいわけでも、ただ強く緩和させればよいわけでもない。**緊張させてから緩和させるという体験の順番が大切なのだ**、と。

テンポとコントラストという考えかたも、見かたを変えれば、情報をいかに時間軸の上に配置するか……要は体験の順番についての戦略です。まっすぐに流れていく時間という直線の上に、体験をいかに並べるか。まさに体験デザインの領分です。

そんな意味では、環境ストーリーテリング、テンポとコントラストに続く3つめのモチーフは、さらに時間的です。左ページの図のように、**ある情報の真意がわからない状態でいったん提示した上で、時間差で真意に気づかせる**という非常に手の込んだテクニック。何とよばれているかといいますと……

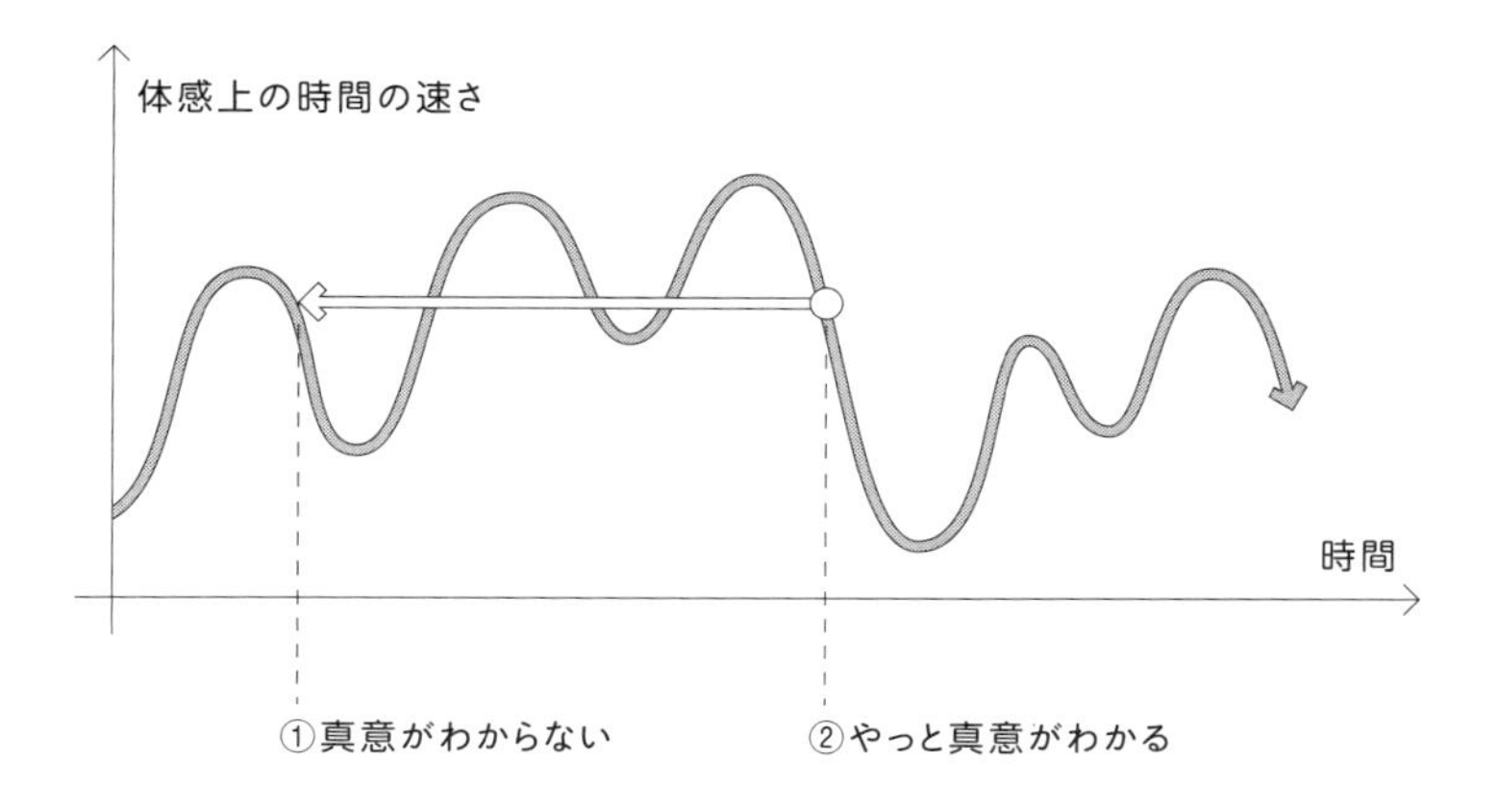

時間差を飛び越えて気づきを与える

真意が隠され、伏せられた線……**伏線**です。

「あのシーンのアレって、そういう意味だったのか！」という気づきの快感は強烈で、つい「あれはね、実は……」と誰かに語りたくなってしまうほどです。物語の理解が一気に進む快感を生むための装置、それが伏線です。

風ノ旅ビトなら、ゲーム冒頭に謎の光の玉が空を飛んいくシーンがあるんですが、意味は一切解説されません。まさに伏線です。

一方、ラストオブアスには、ちょっと手の込んだ伏線が登場します。ゲーム冒頭、菌に感染してしまいゾンビ化が避けられない男が登場し、プレイヤーに「ゾンビになる前に殺してくれ」と頼むのです。なぜデザイナーは、ゲーム冒頭という貴重なタイミングでこんなシーンを描いたのか？　これが伏線として機能しています。

これらの伏線の解説は機を見て行うことにして（すいません）、ここまでにあげた3つのモチーフについての議論をまとめたいと思います。

ラストオブアス　殺してくれと頼む男

風ノ旅ビト　謎の光の玉

環境ストーリーテリング、テンポとコントラスト、伏線。これら3つのモチーフはすべて、プレイヤーが持つ物語る本能を刺激します。プレイヤー自身がゲームのナレーターとなって物語を語りだすための体験デザインです。

一方で、プレイヤーにすれば、目の前で起きていることを明確に伝えてくれないゲームに振りまわされてばかりです。ゲーム独特の語り口に翻弄され、プレイヤーはすっかり意気消沈しているかと思いきや、まんざらでもないようです。**五感と思考を駆使して物語を語るのは、脳にとって充実した体験**なのでしょう。

この本ではそんな体験を**「翻弄」**とよびたいと思います。物語のデザインの第1ステップは翻弄、ここから物語のデザインがスタートします。翻弄することでプレイヤーの物語る本能を引き出し、物語の中へと引き込むのですね。

†

……ふう。えー、みなさん。突然ですが、ここで**ちょっと休憩**としましょう。

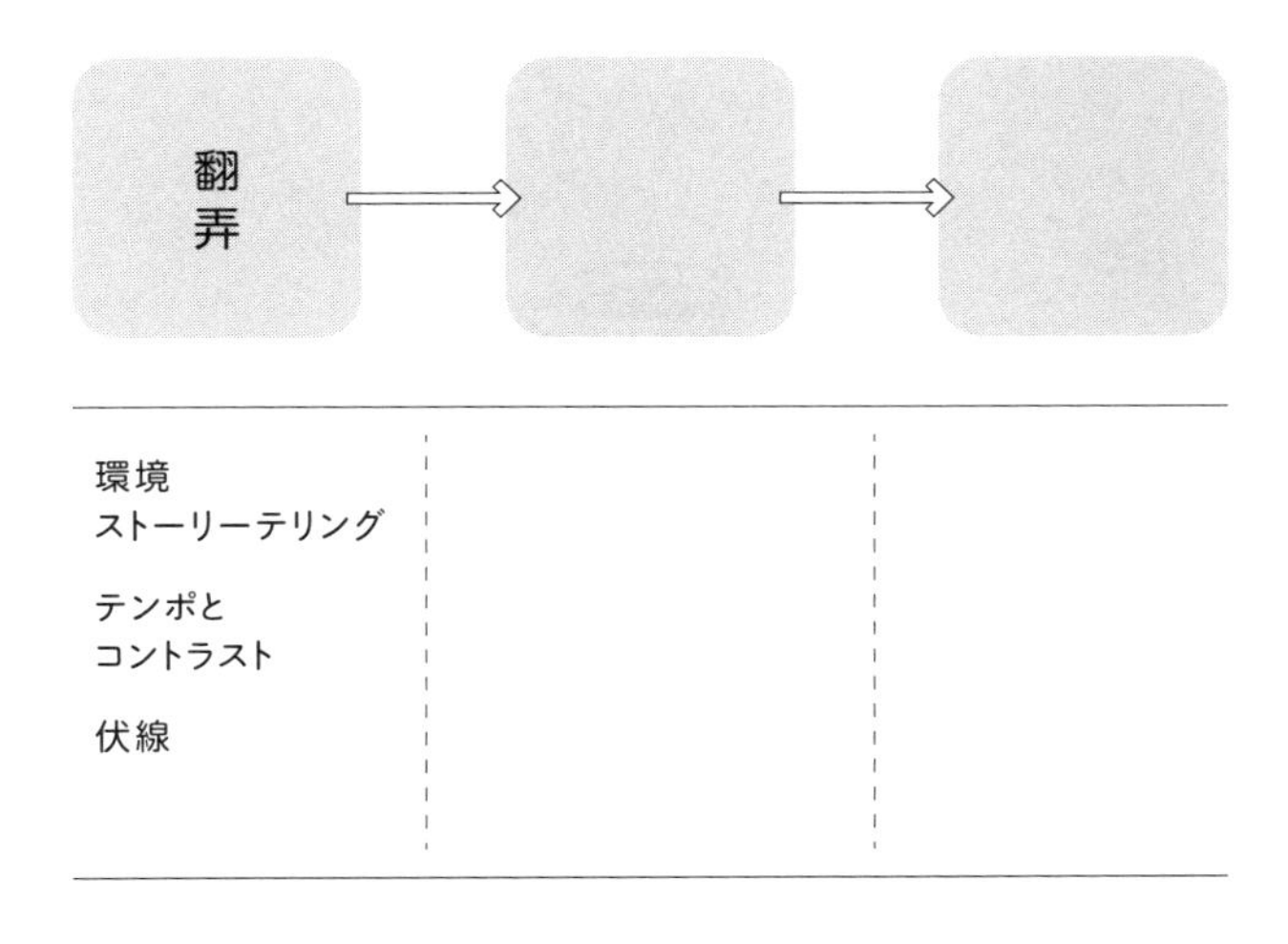

物語のデザイン　第1ステップ　翻弄

いやはや、おつかれさまです。どうぞ、飲み物でも。

この本、いかがですか？　ここまでお読みいただいて、何かご自身の中で変わったこと、ありましたか？「この本を読んで、自分はこう変わった気がする」なんてことがあったらなぁと思いまして……

え？　変わったところが、ひとつもない？

それはそれは、本当に申し訳ありません。しかし……失礼を重々承知しつつお伺いしますが、読んでも何にも自分が変わらないような本を、よくここまで読まれましたね。もしゲームなら、プレイヤーが成長を実感できないゲームなんて、あっという間に止められ捨てられてしまうところです。

たとえゲームの中の主人公がどれだけ成長しようが、意味がないのです。**プレイヤーが成長することこそ、ゲームの意味であり、意義**なのですから。

ゲームの中の物語が進むにつれて、ゲームの中の主人公は成長していきます。とはいえ、しょせんゲームの中の主人公は架空の存在にすぎませんから、**主人公がどれだけ成長したところで、プレイヤー自身にはいっさい何の影響もありません。**

何せプレイヤーは、ゲーム機の前でコントローラを握っているだけ。このままではゲームは何の成長ももたらしてくれません。だからこそゲームは、プレイヤーを翻弄するような物語の語りかたをして、プレイヤー自身の力で「何が起きているのか」を理解させよう、語らせようとします。

そもそもゲームのデザイナーは、物語だけでプレイヤーを感動させようとはしていない場合がほとんどです。実のところ、**ゲームの中で展開される架空の物語は、あくまでプレイヤーが成長する体験をデザインするための手段**にすぎません。

ゲームデザイナーが本当に描こうとしているのは、ゲームの中で繰り広げられる「架空の物語」ではなく、プレイヤー自身が成長していく「プレイヤーの物語」とでも呼ぶべきものなんです。

【架空の物語】架空の世界で架空の主人公がたどる物語。プレイヤーが成長するという体験をつくりだすための手段にすぎない。

【プレイヤーの物語】ゲームという体験を通じて、プレイヤー自身がたどる物語。現実の存在であるプレイヤーを、現実世界で実際に成長させなければいけない。

ここまでくれば、議論すべき点はひとつです。プレイヤーを現実に成長させるためには、どんな架空の物語を描けばいいのか？

†

というわけで、ここからはプレイヤーを成長させる体験デザインについて、3つほどモチーフを挙げながら議論していきたいと思います。

その皮切りとして、この本では恒例の実験からはじめましょう。次ページ右側の図をご覧いただきながら、心に思い浮かぶことをご自身で観察してみてください。

12 45678

右ページをじっくりとご覧になったみなさんは、ある数字を思い浮かべたはずです。「3」です。説明するまでもないでしょうが、この実験のポイントは**「穴は埋めたくなる」**という私たちの習性です。穴を埋めたい、全体を美しく整え、完成させたい……そんな気持ちを抑えるのは難しいものです。

くわえて、誰も「9」を思い浮かべられないというのもポイントです。私たちは、まず「1から8が書いてある」と全体像を把握し、その後に穴を埋めるという思考経路をたどるようです。だって、事前に全体像の範囲や共通する性質を認識してからでなければ、穴は穴として認識できないですから。シンプルにいえば、私たちには「9」が入るべき穴が見つけられなかったのですね。

裏を返せば、**穴さえ認識できればいい**のです。穴があれば埋めたくなる……いや、つい埋めてしまう。たとえ穴が何個空いていたとしても、最終的にすべての穴が埋められた全体像が得られるのなら、何度でも埋めてしまう。そんな心理を利用したゲームの体験デザイン、それは……

収集という体験デザインです。たいていのゲームに採用されているほどポピュラーなデザインですが、それもそのはず。収集という体験ほど、プレイヤーを成長させるのに都合がよい体験デザインはありません。**収集している間、プレイヤーは同じような体験を何度も繰り返し、自然と成長してくれる**からです。

たとえば、ゲームボーイ（１９８９、任天堂）向けに発売され、爆発的ヒットとなった『ポケットモンスター』（１９９６、任天堂）。１５１匹のポケモンをすべて記憶する子どもたちを見て「勉強もそれぐらい憶えてくれればなぁ」とため息をついた親も多かったといいます。でも、子どもたちがポケモンを憶えられたのも、実は当然だといえます。ゲーム冒頭、３匹のポケモンの中から１匹を選ばされ、さらには白紙のポケモン図鑑を渡されて。全体像と穴をさんざん意識させられて、１匹ずつポケモンを捕まえる体験を繰り返すんですから、憶えないわけがありません。

穴をプレイヤーに意識させ、そこから収集、反復へとプレイヤーを導くことで、プレイヤーを成長させる。そんな構造が見えてきます。というわけで……

おまえに　1ぴき　やろう！
……　さあ　えらべ！

ポケットモンスター冒頭

成長のモチーフのひとつめとして、収集と反復のモチーフをあげます。

収集と反復のモチーフ〔穴と全体像→収集と反復→成長〕

ラストオブアスでは、ゲーム冒頭に2回だけ、例外的に字幕が表示されます。それは「SUMMER」と「20 YEARS LATER」。これらの字幕がプレイヤーに知らせているのは、残る秋・冬・春と、娘を亡くしてからの20年間の空白。物語にぽっかりと空いた穴の存在をプレイヤーに意識させることで、世界各地に残された過去の断片を集めさせ、何があったのかを理解させせようとしています。

架空の物語の中に穴を設けたり全体像を予感させたりすることで、収集と反復、そして成長というプレイヤーの物語へと自然に導いているわけです。

一方、ひとつとして文字が登場しないゲーム・風ノ旅ビトの世界に空いている穴といえば何でしょうか？　といっても、ほぼこたえを書いてしまっていますが……

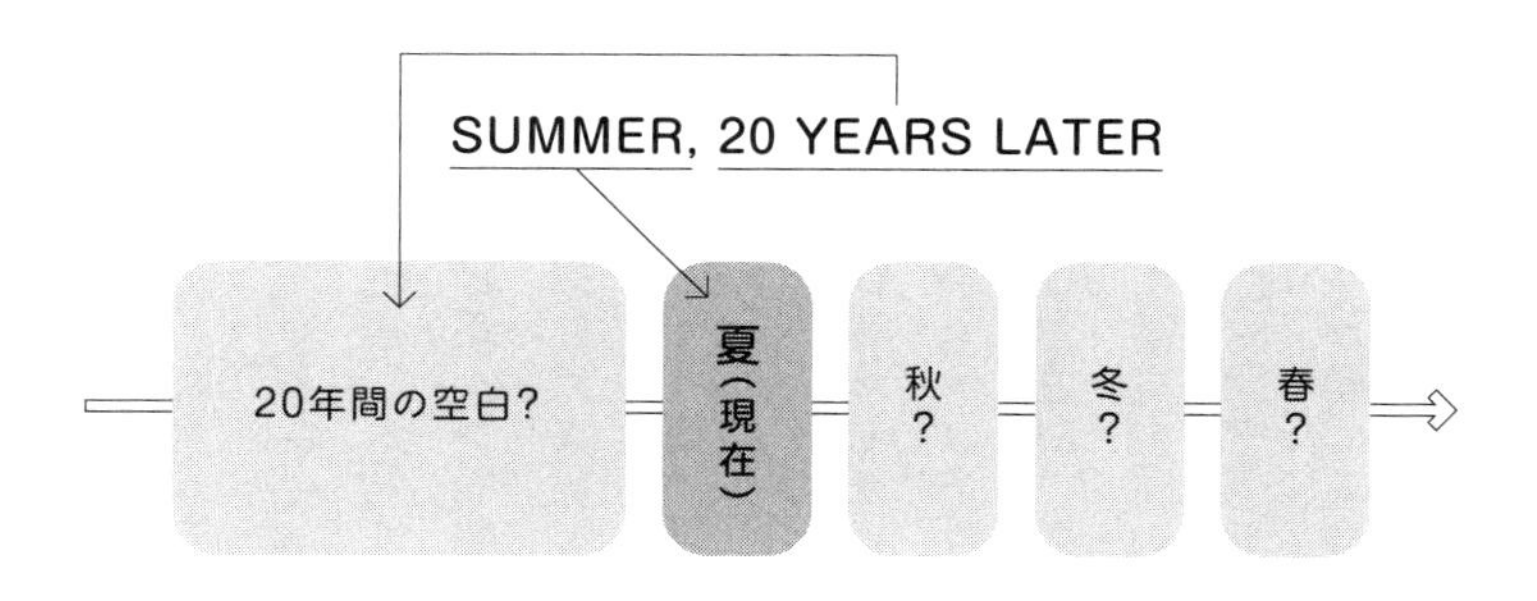

「SUMMER」と「20 YEARS LATER」が示す穴

そう、文字ですね。風ノ旅ビトは文字を収集要素としています。文字といっても謎の古代文字のようなもので、意味はまったくわかりません。しかし、プレイヤーは「何かがわかるかもしれない」と思いながら収集・反復するのですね。

何せ私たちの脳は、何度も同じ体験の情報が入ってきたとき、脳細胞のつながりが強まって、次はもっと上手になるという流れで成長します。反復は成長に必須ですし、重要なのは、**いかに飽きさせずに反復させるか**という体験デザインです。

たとえば、ラジオ体操。何気なくラジオ体操をしているだけでは案外気がつかないのですが、体操中の私たちはひたすら両腕を上げ下げさせられています。その回数は、なんと66回。**ただ単に「66回腕を上げなさい」と言われたら、きっとやる気は起きない**でしょう。しかし、バラエティに富んだ短い体操をたくさん用意し、組み上げ、ひとつの曲として全体が構成された体操をやりきるという体験デザインがあると、つい私たちは66回も腕を上げてしまうのですね。

そうそう、ラジオ体操にはもうひとつ、反復を促すものがあります。それは……

両手を66回上げろと指示されても、やる気は起きない

リズムです。私たちは誰にお願いされなくたって、ついリズムに乗ったり、リズムを取ったりしてしまいます。机を指で叩いたり、体を揺らしたり……音楽が鳴っている限り延々と動作を反復してしまいます。

言ってみれば、**リズムは時間という矢印の上に等間隔で空いている穴**です。その穴をリズムに合わせて塞ぐことで、私たちは時間という目に見えないものをありありと感じることができます。リズムを刻むことで、私たちは時間に無数に空いた穴を収集しているのかもしれません。

ここでもうひとつ、リズムについての事例を紹介させてください。

数ページ前にはポケモンをとりあげましたが、次にご紹介するゲームもポケモンと同じくゲームボーイ用の大ヒットパズルゲームです。子どもはもちろん、普段はゲームを遊ばない女性や高年齢層にも広く支持されました。落ちてくるブロックを並べて、そろえて、消していく。ただそれだけなのに、止められない。「落ちもの系パズル」という一ジャンルを築いた草分け、元祖ともいわれるその作品は……

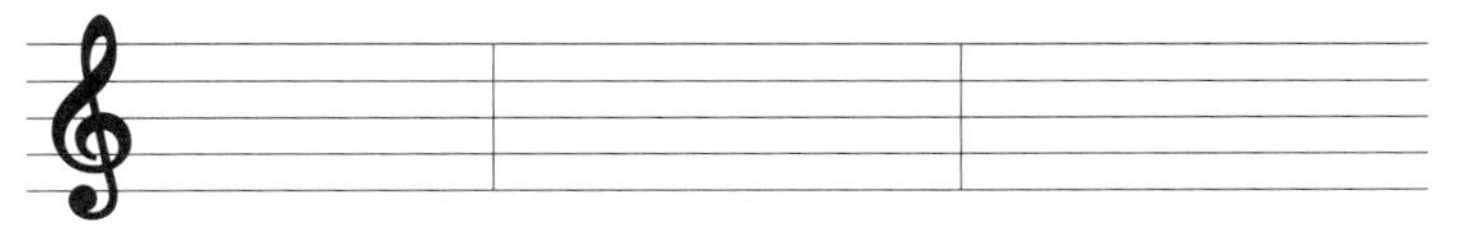

目に見えない時間も、リズムがあれば感じられる

名作パズル、『**テトリス**』（1989、任天堂）です。ただブロックを消していくだけなのに、なぜ止められないのか？　その理由も、リズムにあります。

左の模式図をチラッと見るだけでも「どこにブロック置こうかな？」と思わせるものがありますよね。まったく強烈なデザインです。**ブロックをひとつ置くたびに、自然とステージ上に穴が形成**されます。横1列をすべてブロックで埋めると消えるというルールにも、収集の要素が垣間見えていますね。

では、リズムの要素は？　という話になるのですが……ここで問題です。テトリスの基本は「ひとつブロックを画面下部まで落とすと、次のブロックが画面上部から現れる」、その繰り返しです。このとき、ひとつブロックを置いてから次のブロックを出すまでに何秒の間を置くか、そのリズムがポイントとなるのですが……さて。

何秒の間を空ければもっともプレイヤーの反復が促されるでしょうか？

①約1秒　②約10分の1秒　③間を空けない

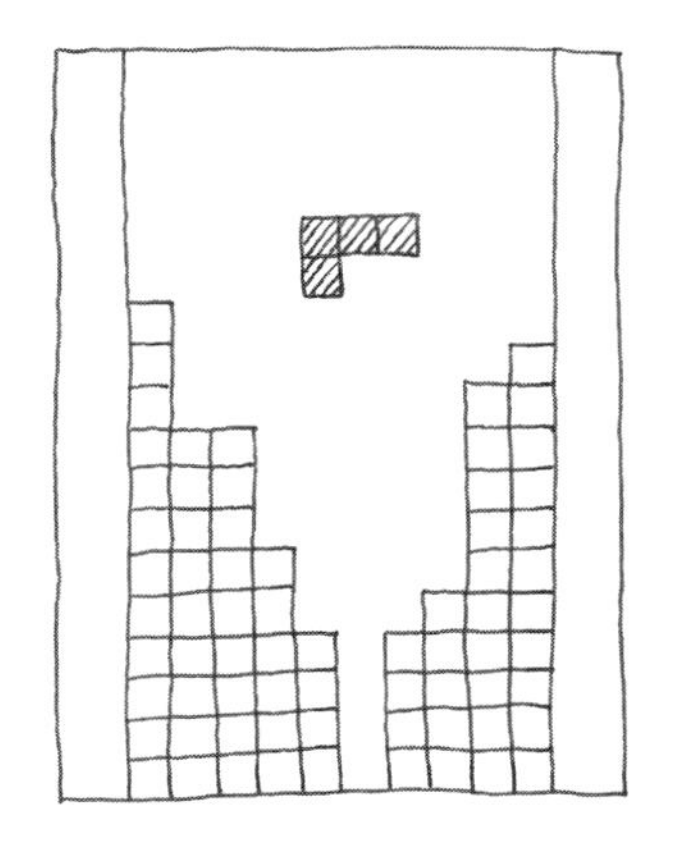

テトリス

こたえは、意外にも③**間を空けない**、です。

間髪入れずにブロックを落とす。そんな体験デザインが反復を生む根拠として、心理学におけるツァイガルニク効果をあげます。私たちの心は、解決済みの問題に対してはあっさりと緊張感を解いてしまう一方で、まだ解決しきれていない問題へは緊張感を保つ……そんな心の性質を指します。まだ難しいので、かんたんにまとめます。**「問題が未解決のままであれば、緊張感を維持してもらえる」**。

次々と切れ間なくブロックを投入することで、プレイヤーに緊張感を解く隙＝ゲームを止めようと思えるタイミングすら与えないデザインになっているんですね。止められないからこそ、自然と「ブロックの置き場所を考える」という作業を反復することになり、やがてゲームも上達し、ますます止められなくなることでしょう。ブロックを落とすリズムこそが、決定的に重要なデザインなんですね。

この辺りで、あらためて、収集と反復のモチーフをまとめておきましょう。

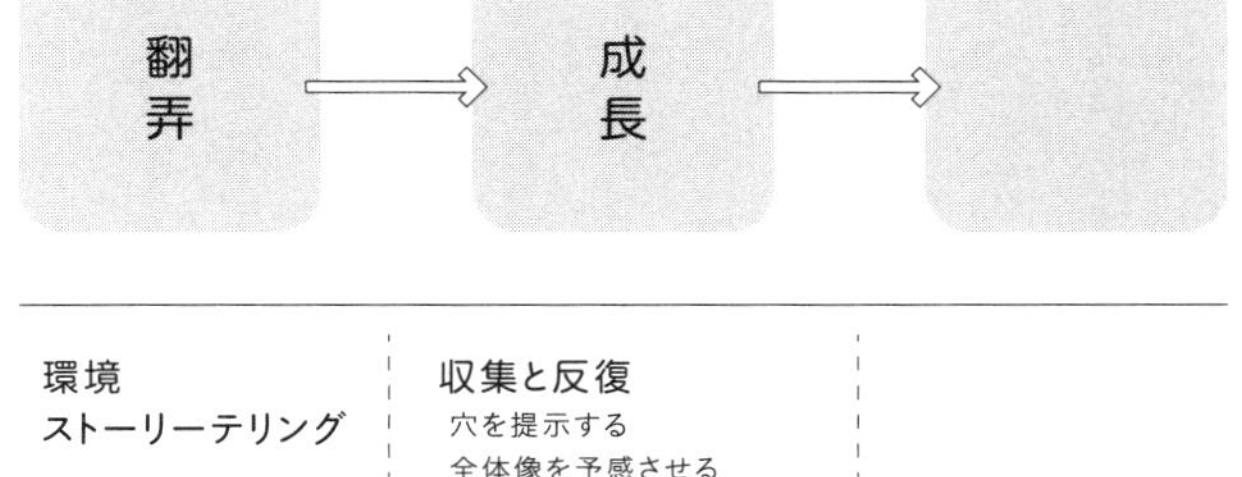

物語のデザイン　第2ステップ
収集と反復のモチーフ

収集と反復のモチーフ〔穴と全体像→収集と反復→成長〕

反復すれば何だってうまくなることを、私たちはよく知っています。しかし、疲れたとか、飽きたとか、何やかんやと理由をつけて、私たちは反復を止めてしまいます。もし**私たちが疲れも飽きも知らずに繰り返せることがあれば、それは才能や天職といっていい**ものでしょう。そんな風に繰り返せる何かを探し続ける人生、見つかったらラッキーというものです。その点、ゲームは多くの人々にとって「自分でも繰り返せるもの」という価値を提供しているのかもしれません。

さて。繰り返して、成長した……ときたら、今度はさらに欲が出て、もっと高度なことをしたくなるわけで。そこで役立つのが、ふたつめのモチーフです。

非常にシンプルで、しかもゲームによく出てくる体験デザインなので、まずは次の事例をご覧いただければと思います。左ページにふたつのゲームのデザインの事例をあげておきましたので、共通点をお答えください。

ゾンビが現れた。主人公は、以下ふたつの武器を持っている

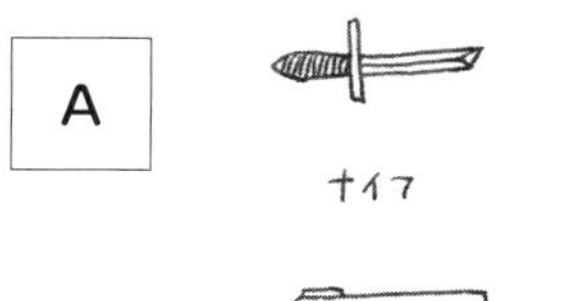

音を立てずに一撃で敵を
すぐ無力化できるナイフが2本
（近づかなければ使えない）

ピストル

音は出るが数発で敵を
無力化できるピストルの弾が8発
（近づかなくても使える）

どちらで倒すか？

パワーアップアイテムの探索中、同行者が勝手に先に進もうとしている

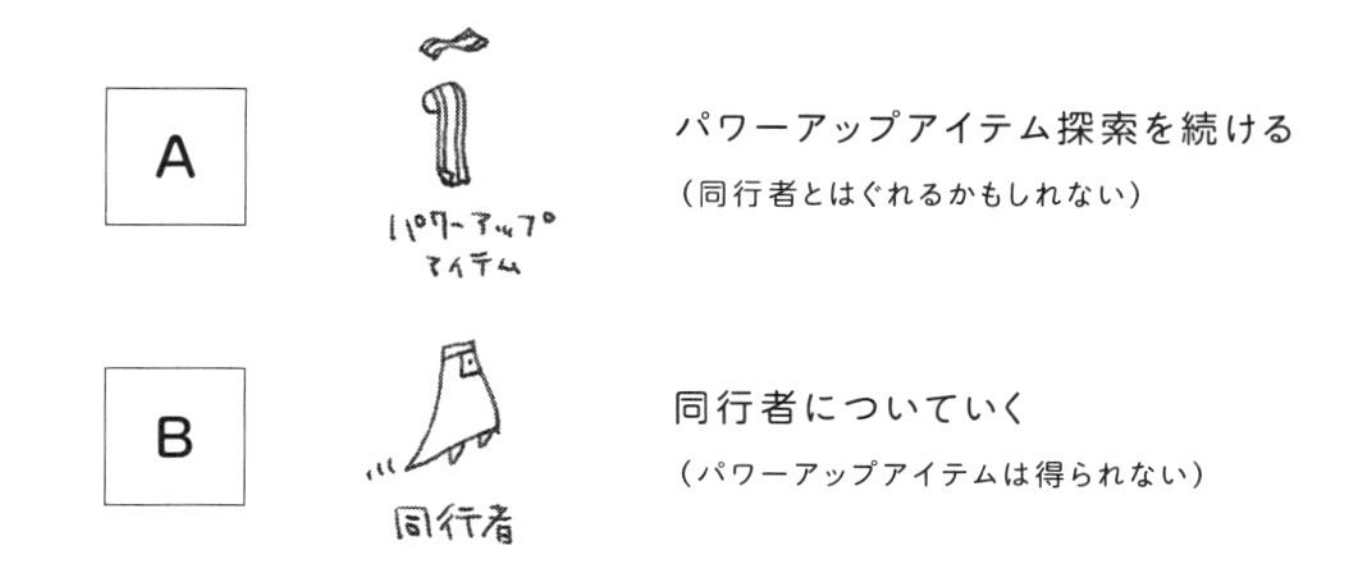

パワーアップアイテム探索を続ける
（同行者とはぐれるかもしれない）

同行者についていく
（パワーアップアイテムは得られない）

どちらを選択するか？

ふたつのデザインの共通点とは？

……**ちょっと難しかった**ですよね。ごめんなさい。

ラストオブアスや風ノ旅ビトは新しいゲームなので、遊ばれていない方も多いでしょうし、想像もしにくかったことでしょう。そこで、もうひとつ親しみやすい事例をあげたいと思います。

左ページには、ご存じスーパーマリオのとある操作方法がまとめられています。Bボタンを押しながら移動すると、倍速で走って移動できる……通称**「Bダッシュ」**です。この操作をするかどうかで、ゲームの体験はガラリと変わります。

A　歩いて冒険すると、落ち着いてアイテムや敵に対処できるが、何しろ遅い
B　走って冒険すると、素早い操作を要求されるが、速くて気持ちがいい

ローリスク・ローリターンと、**ハイリスク・ハイリターン**。そんな対比が透けて見えてきませんか？　これこそがご紹介したいモチーフです。

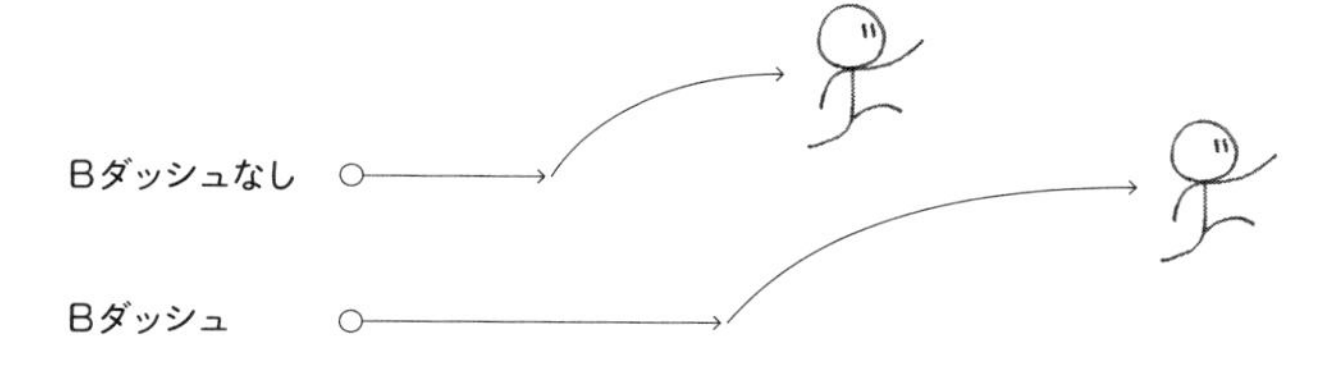

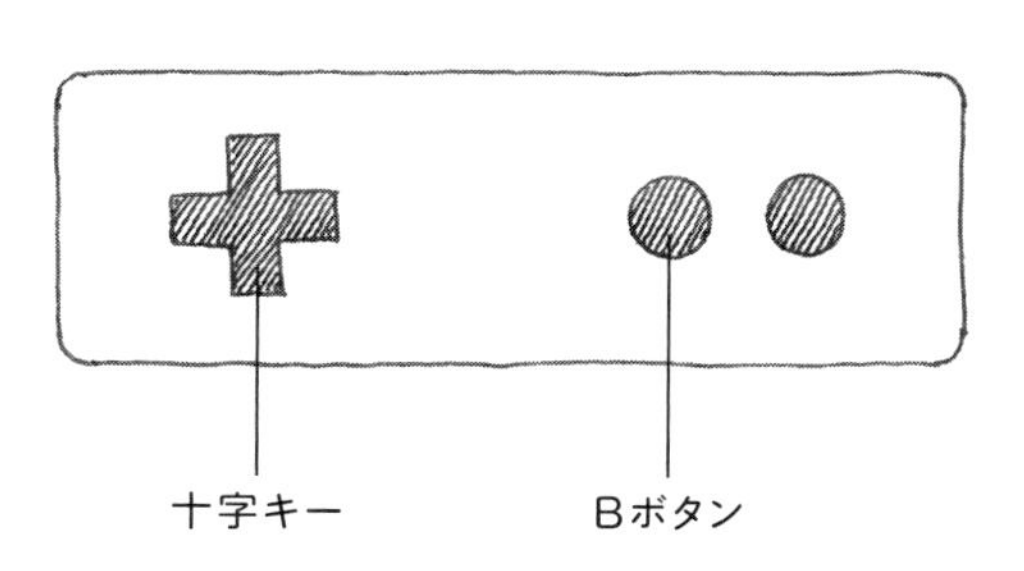

Bダッシュ

ナイフとピストル、アイテムと同行者、歩くか走るか。選択肢にはそれぞれリスクとリターンがあり、どちらを選んでも一長一短です。

だからこそプレイヤーは、**みずからの勘を頼りに選択・裁量し、自分なりの冒険を組み立てていく**ことになります。デザイナー側から見れば、リスクとリターンが異なるいくつかの選択肢を準備し、裁量させる体験をデザインしています。うまく選択・裁量できた時、プレイヤーは成長を実感するというわけです。

選択と裁量のモチーフ〔リスクとリターン→選択と裁量→成長〕

成長をもたらす第2のモチーフとして「選択と裁量のモチーフ」をあげます。シンプルながら、強力な体験デザインです。先にあげた収集のモチーフと合わせ、強力にプレイヤーを成長させます。

といっても……これらの体験は、プレイヤーにとって必ずしもよいこととは限りません。何せこれらの体験は、プレイヤーに多大なストレスをかけますから。

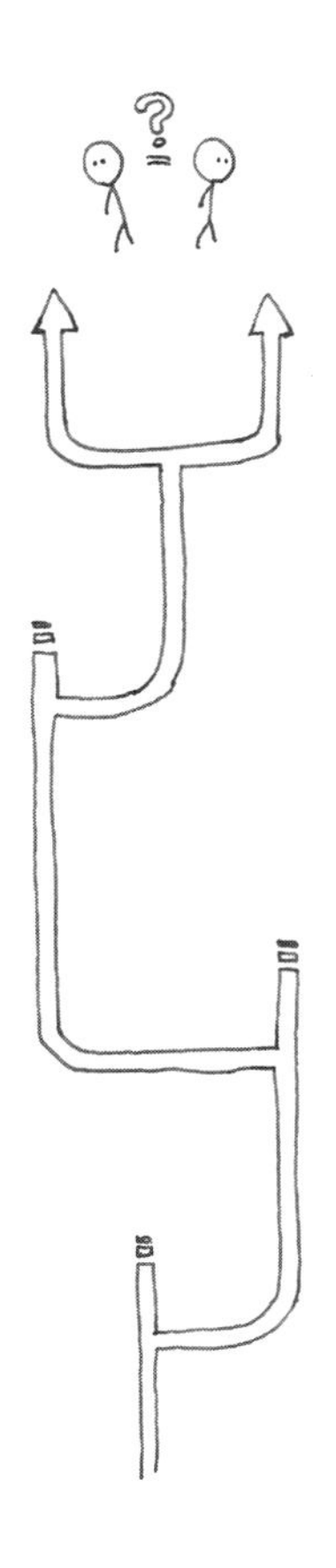

選択・裁量し、自分なりの冒険を組み立てていく

同じことを反復させられて、迷わされて。収集と反復・選択と裁量といった体験にはストレスがつきものです。にもかかわらず、プレイヤーが「こんなストレスばかりのゲーム、やめてしまえ！」とはならないのにも、理由があります。

収集と反復の場合、理由はシンプルです。ある収集対象がどうしても手に入らなかったら、もっと簡単に手に入る別なものを集めればよいという抜け道があるんですね。プレイヤーが簡単さを選べる……つまり**収集のモチーフはゲームの難易度調整の機能も持っている**のです。

選択と裁量のモチーフも、難易度調整の機能を持っているという意味では同様です。スーパーマリオのBダッシュの場合、難しい場面では歩けばよい……ただそれだけでよいのですね。そういった意味で、プレイヤーはBダッシュするかしないかを裁量することで、同時にゲームの難易度そのものすら裁量しているといえます。

プレイヤーによる難易度調整。実はこれ、**成長には欠かせない**要素です。

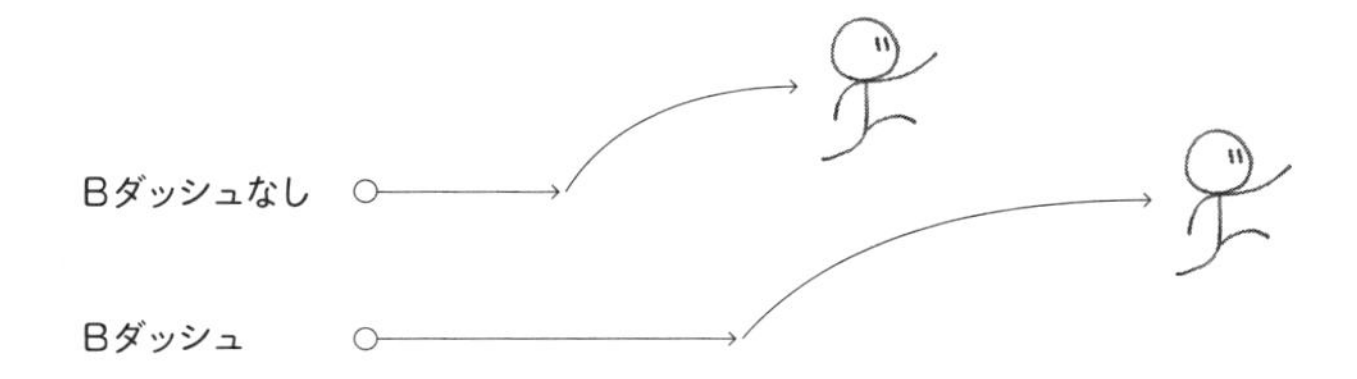

状況に応じてBダッシュ
使用／不使用を選べばよい

プレイヤーは、みずからの感覚で難易度を調整し、自身の力量に合った選択を行い、できる限りの努力をしてくれます。簡単に言えば、プレイヤーは放っておいても勝手に**「個々のプレイヤーにとって、ちょうどよい難しさ」で遊んでくれる**のです。だからこそゲームは、無数のプレイヤーに最大限の成長をもたらすことができるわけです。いやはや、実に理にかなったしかけですね。

といっても、すべてがすべて調整できるわけではありません。プレイヤーが明確な失敗をした場合、あえて突き放すこともあります。たとえばスーパーマリオ、調子にのってBダッシュしっぱなしで遊んでいると、最弱の敵クリボーにすらやられてしまいますが、そこでプレイヤーが**「俺のせいだ」**とみずからを責められるかどうかが重要です。架空の物語上でマリオが死んだ、ただそれだけの他人事ではなく、プレイヤーに自分事として捉えてもらえるかどうか。

ストレートにいえば、**ゲームはプレイヤーに「失敗はお前のせいだ」と感じさせなければならない**のです。残酷だと思われるかもしれませんが、しかし……

失敗を自分のせいだと思えるか

それも仕方のない話なんです。プレイヤーに「もっとうまくなりたい、成長したい」と本気で思わせるためには、失敗させたうえで自分事として後悔させるしかないからです。その代わり、ゲームは後悔の１００倍はプレイヤーを褒め、お前はうまくやっているとも伝えています。あえて強く表現すれば、**ゲームはいい塩梅でプレイヤーを褒めたりけなしたりしているだけ**、とすらいえます。

プレイヤーの行動へのよし悪しを評価として返すことを、ゲーム業界ではとくに**フィードバック**とよびます。フィードバックがあって、はじめてプレイヤーはみずからの選択や裁量の意味を把握します。同時に「自分はうまくやった」「自分はやらかしてしまった」とプレイヤー自身を主語にした実感を得られるのですね。

考えてみれば、プレイヤーが何も選択も裁量もできず、どんな行動をしても返ってくるリアクションは同じ……なんてゲーム、おもしろいはずがありませんよね。ゲームはいつだって、プレイヤーの行動に沿ったリアクションを返さねばなりませんし、これこそが**ゲームのもっとも基本的な構造**です。

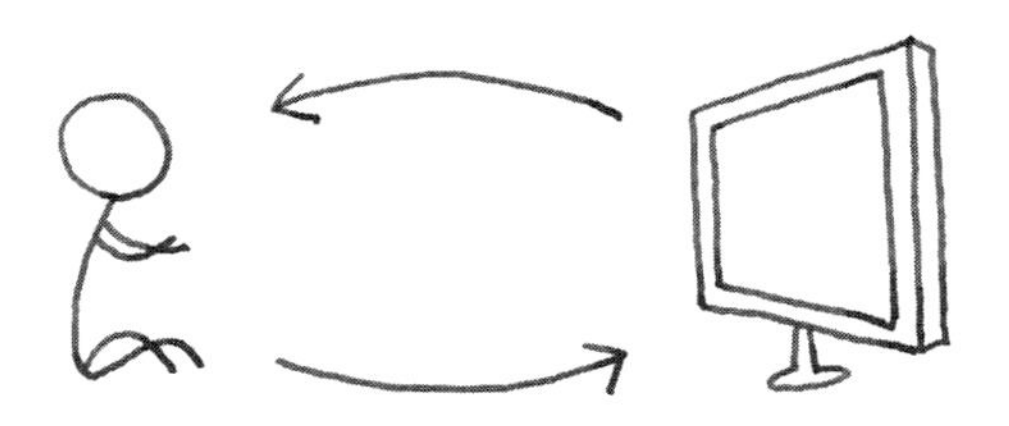

プレイヤーの行動に対しフィードバックが返ってくる

ゲームのもっとも基本的な構造、それは、プレイヤーからの入力に応じた出力を返すことです。何かすると、何か返ってくる。そんな性質を評して、**ゲームは相互作用的・インタラクティブなメディアだ**といわれています。プレイヤーの一挙手一投足に反応し相互作用することで、ゲームはプレイヤーの自己効力感を引き出し、成長しようとする気持ちが湧くまで導いているのですね。

選択と裁量のモチーフ〔リスクとリターン→選択と裁量→成長〕

さて。ここまで成長のモチーフをふたつあげました。収集と反復のモチーフと、選択と裁量のモチーフ。いずれも、まっすぐ真っ当にプレイヤーを鍛え、まわり道することなく実直にプレイヤーを鍛え成長させようとしています。

しかし。最後の成長のモチーフは、まったく逆のアプローチを採ります。プレイヤーの成長を邪魔し、成長など価値がないと冷たく突き放すのです。しかも、よりにもよって、プレイヤーの成長を邪魔するのは、**主人公の大切な仲間**です。

物語のデザイン

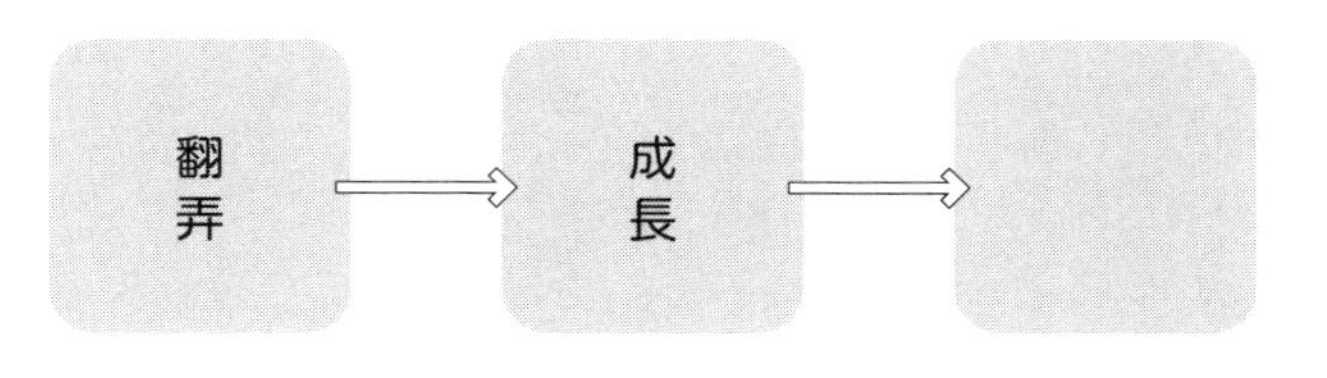

環境
ストーリーテリング

テンポと
コントラスト

伏線

収集と反復

選択と裁量
リスクとリターンを設定する
難易度を調整させる
フィードバックを返す
相互作用的にふるまう

選択と裁量のモチーフ

人類滅亡の危機に瀕するラストオブアスの世界の命運を握り、主人公と旅をともにする**同行者である少女エリー**。一方、風ノ旅ビトでは、主人公の前に唐突に現れ、主人公とまったく同じ姿形をしながらも気ままに動きまわる**謎の同行者**。2作に共通しているのは、同行者の存在です。

主人公とエリーの出会いは、エリーが主人公をナイフで刺し殺そうとするという強烈なもの。旅の道中、主人公がエリーをゾンビから守った後でさえ、エリーは主人公を信用しませんし、悪口ばかり。要は主人公が嫌いなんです。

一方、風ノ旅ビトにおける謎の同行者は、特段主人公を嫌っている節はありません。しかし、そもそもゲーム中で謎の同行者とコミュニケーションする手段がなく(何せこのゲームには言葉が登場しませんから)、勝手にうろちょろと動きまわる同行者はまさに謎……本当に謎、不可解でしかない存在です。

さて、例によって、ふたつのゲームに登場する2人の同行者には、共通点があります。**プレイヤーにとある共通の感情をもたらす**のですが……その感情とは？

同行者のふるまいの共通点は、ある感情をもたらすこと

2人の同行者いずれもが、**プレイヤーをいらだたせるように振る舞う**のです。先にあげた成長のモチーフをくぐりぬけ、プレイヤーは懸命に世界を救うべく成長を続けているにもかかわらず、そんな成長をあざ笑い、意に介さない同行者。これじゃあプレイヤーは努力した甲斐もないというものです。

普通なら、旅の同行者や冒険の仲間というものは、プレイヤーと想いをひとつにして敢然と悪に立ち向かう頼もしく優しい人間であってほしいものです。ではなぜデザイナーは、同行者を真逆な存在、つまりプレイヤーをいらだたせる者として描いたのでしょうか？

この謎、一から順番に説明したいのはやまやまですが、先に結論からお伝えします。**成長のモチーフ3つめは、共感にまつわるもの**です。そして、プレイヤーが共感するという体験をデザインする鍵となるのが、「面倒な同行者」です。

面倒な同行者が、なぜ共感につながるのか？　そもそも共感という体験がどのように成長と関係するのか？　さっぱりわかりませんよね、説明させてください。

○○と共感のモチーフ　〔面倒な同行者→○○と共感→成長〕

面倒な同行者から、共感、成長まで。一連の謎を解き明かすために、まずは「**そもそも、共感とはどんな状態を指すのか**」という基本から話をはじめましょう。ひとまとめにいえば、共感とは「対象はきっと自分と同じことを強く思っているにちがいない」と思い込んでいる状態のこと。必要となる条件は3つあります。

ひとつめの条件は、プレイヤーが**主人公に対して興味を持っている**こと。当たり前の話ですが、興味のない人には共感なんてできませんよね。

ふたつめは、プレイヤーが**「主人公も自分と同じ思いを持っているにちがいない」**と信じられていること。共感の核心部分ですね。

そして3つめは、**憎しみ以外の感情で共感すること**。「あいつが悪い、あいつが憎い」という他人に責任を押し付けるような考えかたでは成長につながらないため、どうにかして避けなければいけません。

これら3個の条件をクリアして、プレイヤーが主人公に共感するように体験をデザインしたいわけですが、しかし。ゲームをはじめた当初、これらの条件は……

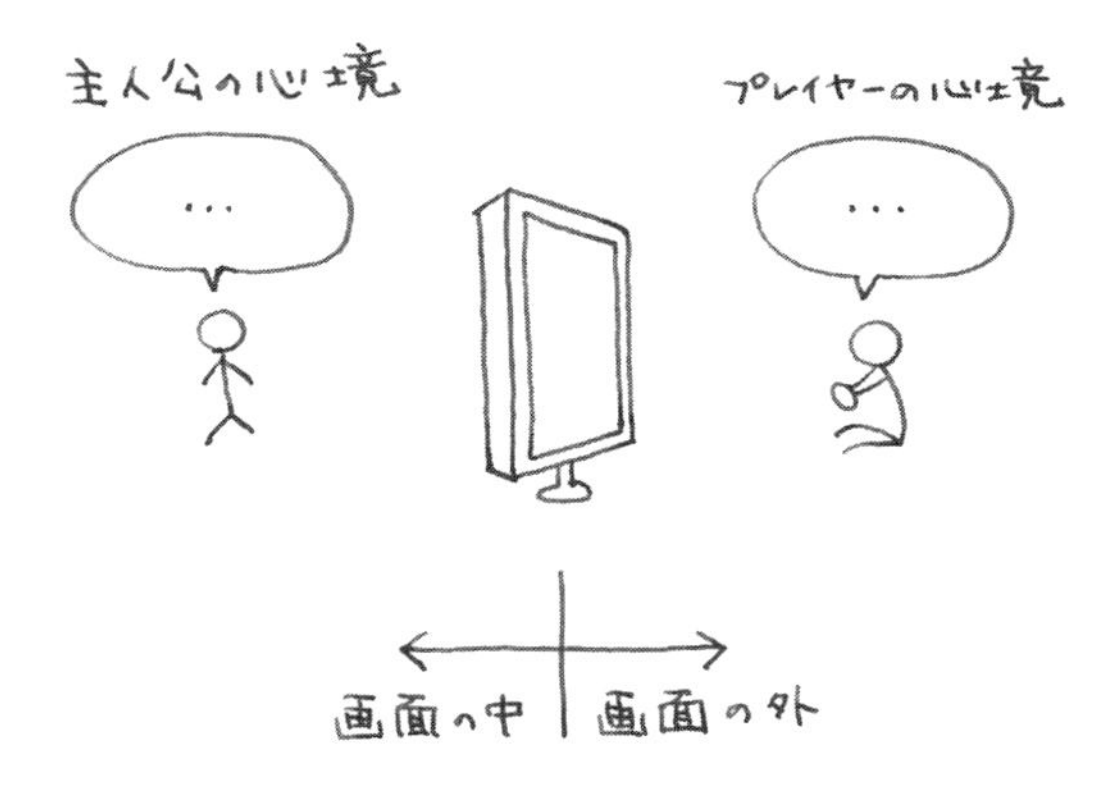

画面の中の主人公と、画面の外のプレイヤー

ひとつとしてクリアできていません。ゲーム画面の中の主人公を、プレイヤーは外側から眺めているだけの状態からのスタートです。そんな冷めた状態から、共感のひとつめの条件「主人公への興味」をクリアするためのデザインは、ちょっと怖い話ですが……ゲーム内の主人公を徹底的に痛めつけることです。

思い出していただきたいのは、テトリスの分析で登場した「ツァイガルニク効果」です。私たちは、現時点で解決されていない問題に興味を引かれてしまいます。左のページの妙なシミ（これは意図的なデザインで、印刷のミスではありません）に気づいていた読者のみなさんは、このシミが気になって仕方がなかったはずです。

同じことが、物語の構造にもいえます。物語に興味を持ってもらうため、**物語の冒頭でかならず未解決の問題が提示されます。**そして、その未解決の問題ともっとも強く関連付けられ、問題の持ち主にされてしまう哀れな人物こそ、主人公です。逆に言えば「未解決の問題の持ち主」こそが主人公として認識されるんですね。

痛めつけることがプレイヤーの興味を引く根拠は、もうひとつあります。

画面の中の主人公と、画面の外のプレイヤー

私たちの脳には、数十箇所の**「ミラーニューロン」**とよばれる領域が存在することが知られています。きわめてザックリといいますと、**目の前の人の感情を自分のことのように感じる心の動きを司っている神経細胞群**を指します。目の前で大爆笑されるとこっちまで愉快になりますし、逆に目の前で絶望されるとこっちまで悲しくなる……そんな人間的な心の動きの原動力、それがミラーニューロンです。

ということは、もしプレイヤーの心を強く動かしたければ、主人公の心を強く動かせばよいことになります。それこそが、**主人公に強烈な問題を引き起こし、徹底的に不幸にして痛めつけるという残酷なデザイン**の目的です。そんなことしたくないと思われるかもしれませんが、体験デザイナーには必須のスキルです。

これでやっと、共感の条件をひとつクリアできました。主人公の不幸によって、プレイヤーは主人公に興味を持ちはじめました。しかし、まだ同行者すら出てきていませんね……真の共感への道はまだまだ長いようです。次の条件は、**プレイヤーと主人公が同じ思いを持つこと**。ここが共感の体験の試金石、天王山です。

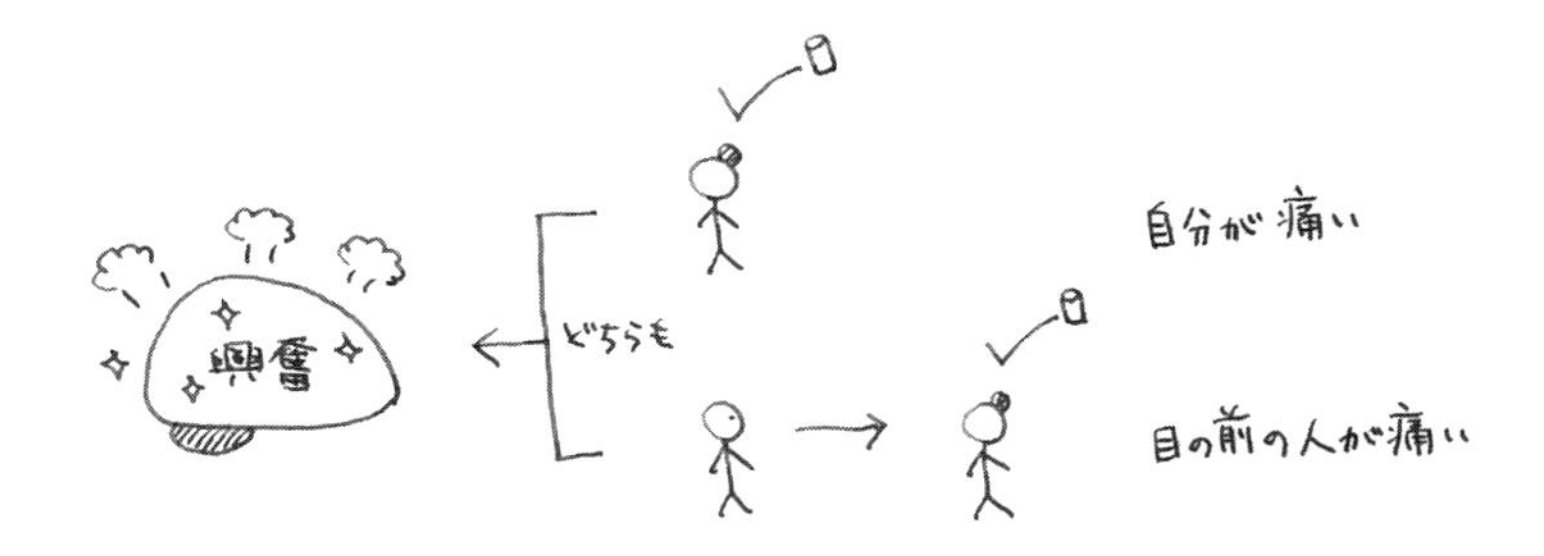

共感の原動力となるミラーニューロン

主人公を痛めつけることで、プレイヤーから興味を引くことには成功しました。しかし、現時点でプレイヤーと主人公はそれぞれバラバラに、こう感じています。

プレイヤー　「主人公はつらそう、悲しそうだな」と**客観的**に感じている
主人公　「僕はつらい、悲しい」と**主観的**に感じている

主観と客観……気持ちの向きがまるで真逆なんです。このままでは、プレイヤーはいつまでたっても「主人公も自分と同じ気持ちだろうな」とはなりません。理想的なゴールは、プレイヤー自身が主観的に何かを感じている状態ですから、**プレイヤーの気持ちを客観から主観へと180度転換しなければなりません。**

さて、ここで問題です。共感を実現するためにデザイナーが実現したいのは、プレイヤーと主人公がともに主観的に「◯◯は△△だ」と感じさせることです。そのとき、◯◯にはプレイヤーでも主人公でもない誰かを登場させると効果的なんですが……**◯◯に入る人物とは、いったい誰でしょう？**

画面の中の主人公と、画面の外のプレイヤー

イメージしていただけたでしょうか？　ここでやっと例の**「面倒な同行者」**が登場です。面倒な同行者は、主人公の冒険を邪魔し、悪態をつき、不可解な行動ばかりします。そんなとき、プレイヤーと主人公はこんな状態になります。

プレイヤー　「同行者、腹立つなぁ」と**主観的**に感じている
主人公　「同行者、腹立つなぁ」と**主観的**に感じている

気持ちの向きが見事にそろいましたね。これこそデザイナーが欲しかったものです。気持ちの向きを主観にそろえる、これこそが共感の第一歩です！

なんて、めでたい雰囲気でまとめてしまいましたが、よく考えてみるとプレイヤーも主人公もイライラしているだけで、あまりよい状況ではありませんね。そもそもなぜ同行者は面倒な存在でなければならないのでしょう？　別に優秀な同行者だって「すごいねー、同行者」と共感できそうな気がします。しかしながら、当然理由があるわけです。**なぜ同行者は面倒でなければならないか？**

画面の中の主人公と、画面の外のプレイヤー

理由はふたつあります。

ひとつめ。効果的に主人公を痛めつけるには、主人公にとって身近な存在である同行者がうってつけだからです。**同行者は無数の問題を主人公のすぐそばで発生させ続けます。**問題の発生源が知らない誰かなら無視すればよいだけの話ですが、同行者だからこそ無視することができません。

言ってみれば、**同行者は主人公へ問題を供給し続ける宿命を持っています。**面倒な同行者こそが、物語を前へ前へと推し進めると同時に、プレイヤーの興味を主人公に引きつけるエンジンなんですね。

同行者が面倒でなければならない理由、もうひとつは、共感の条件3つめ「憎しみ以外の感情で共感する」とも関係するのですが……

ここで実験といきましょう。突然ですが、**あなたが今もっとも嫌う人を思い浮かべてみてください**（思い浮かべるのもイヤかもしれませんが）。思い浮かべていただいたら、次ページへどうぞ。

問題の供給

お願いです。あなたが思い浮かべた嫌いな人を、今すぐ好きになってください。

……いかがですか、好きになれますか？　なれませんよね。その人は実はいい人なんだから思い直せ！　なんて言われたって、おいそれと首を縦には振れません。

個人的な話で恐縮ですが、これができないから、僕の人生は苦しいのです。嫌いな人を許して、好きになって、友達や仲間になれたら、どれだけ人生は明るく開けたか。キライという感情を超えて共感することができたら、僕は真に大きく成長できるはずなのに。

これこそが、同行者が面倒でなければならないふたつめの理由です。**共感を通した成長とは、憎しみを克服することを指す**のです。そんな成長をプレイヤーにもたらすためには、同行者は面倒な存在として登場しなければならないのです。

しかし、嫌いな人を好きになるなんて、超高難度ですよね。そんな体験、いったいどうやって実現しているのかといいますと……実は非常にシンプルです。

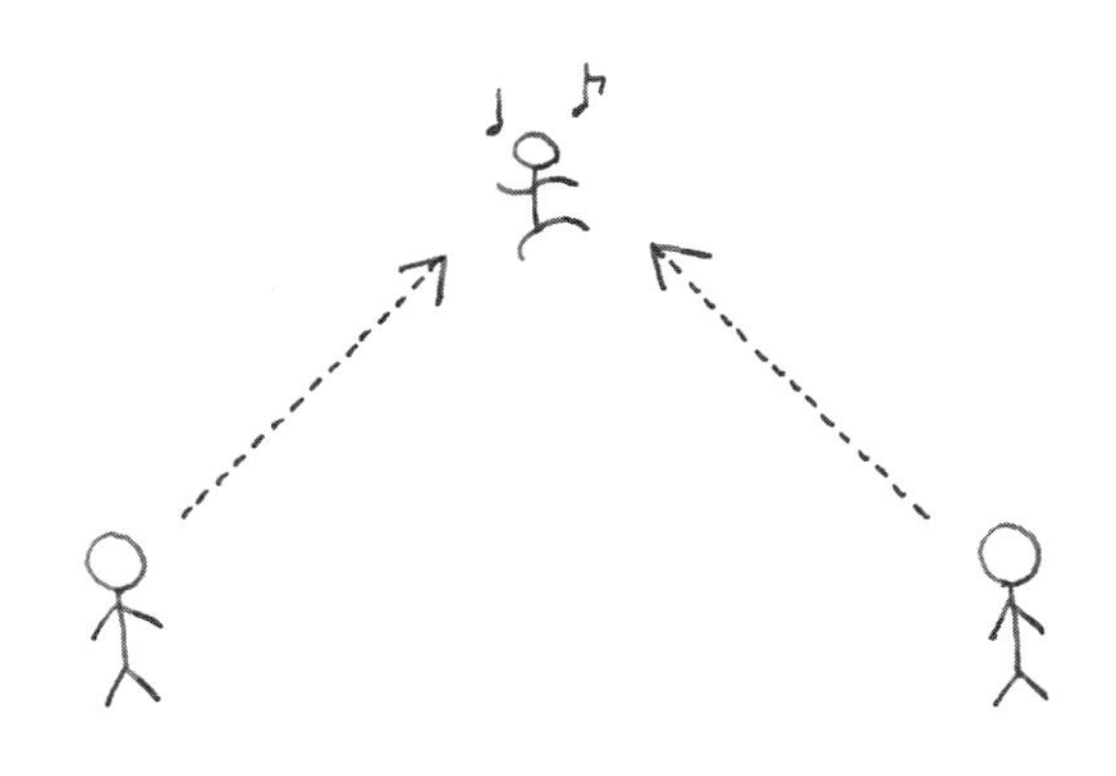

面倒な同行者を思い直すという翻意

同行者を好きになれそうなエピソードを入れた後に、**同行者を死や絶望の瀬戸際まで追い込めばいい**のです。ものすごく性格が悪いデザインですが、プレイヤーが共感を通して成長するためには、デザイナーは悪にもなります。

ラストオブアスにおける面倒な同行者エリーは、飢饉を生き延びるために人肉すら食べる集落の長につかまり、絶体絶命の危機に陥ります。風ノ旅ビト、謎の同行者は、目指す山の頂上付近で熾烈な吹雪の中、力尽き雪に倒れ込みます。**ど、同行者……！**　プレイヤーと主人公は、ともに叫ぶことでしょう。

これこそ、プレイヤーと主人公は憎しみ以外の感情で共感する瞬間です。物語は終盤、最初は同行者に振りまわされてイライラしていたプレイヤーと主人公も、ここに来て晴れて同行者に対する憎しみを乗り越えることができました。**プレイヤーは憎しみを超えて共感することができるまでに成長できた**のですね。

ここで共感についてのお話も終わり、成長についての議論も終点に近づいてきました。ここまでの議論を整理しましょう。本当におつかれさまでした！

同行者の危機で、共感させる

プレイヤーに成長をもたらすモチーフを3つあげてきました。これらはすべて、物語のデザイン・第2ステップ「成長」に用いるモチーフです。

収集と反復のモチーフ｛穴と全体像→収集と反復→成長｝
選択と裁量のモチーフ｛リスクとリターン→選択と裁量→成長｝
翻意と共感のモチーフ｛面倒な同行者→翻意と共感→成長｝

これら3つの成長のモチーフを通して、プレイヤーは成長していきます。架空の物語の中で起きる主人公の成長と、現実世界で起きるプレイヤーの成長。主人公とプレイヤーの成長が重ね合わされたとき、**ゲームを遊ぶという体験はただの娯楽からプレイヤーを成長させる手段へと、その意味を変えていく**ことになります。

そろそろ物語も終盤です。翻弄されながらも成長を重ねてきた主人公とプレイヤーのふたりは、すっかりたくましくなりました。そんなふたりを待ち構えるのは、あまりにも過酷で、心をえぐるような体験です。

物語のデザイン

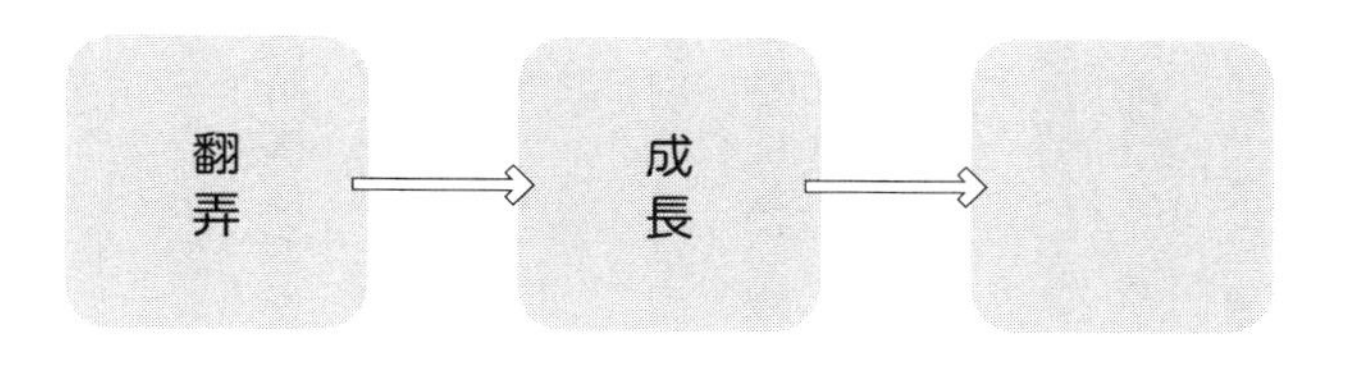

翻弄	成長	
環境 ストーリーテリング テンポと コントラスト 伏線	収集と反復 選択と裁量 翻意と共感 主人公を不幸にする 面倒な同行者を登場させ 主観と客観を入れ替える 同行者への評価を翻らせる	

翻意と共感のモチーフ

ラストオブアス

少女エリーは、人類でただひとり、世界を蝕む菌への耐性を持っていました。そこで反政府組織は、エリーの体からワクチンをつくり、世界を救おうとします。ところが、そのためには大きな犠牲を払う必要がありました。

エリーの脳を摘出しなければ、ワクチンはつくれないのです。つまり、**ワクチンはエリーの命と引き換え**です。

それを知った主人公ジョエルは、エリーを救うために猛然と単身反政府組織に乗り込み、熾烈な戦闘を経て、やっとのことで手術室にたどりつきます。

そこに待っていたのは麻酔で眠らされたエリーと、命乞いする丸腰の医師と看護師。あなたなら、どうしますか？涙を流し「頼むから、撃たないで」と懇願する医師と看護師を**助けるか、それとも、撃ち殺すか。**

風ノ旅ビト

吹雪に倒れた同行者に続き、主人公も力尽き倒れます。

すると世界は光に包まれ、謎の存在によって力を与えられた主人公と同行者は、雲を超え山頂へと飛んでいきます。雲の上は晴れ渡った空、未知のエネルギーに満ちた山頂への道を、ふたりは気持ちよく飛んでいきます。

やがて、山頂を目指す旅も終わりに近づきます。たどりついた山頂には、光が溢れる谷と、そこへと続く一本道。

その光の中に入ったら何が起こるか、それは誰にもわかりません。よいことが起こるのか、悪いことが起こるのかいっさいわかりませんし、同行者と離れ離れになるかもしれません。あなたなら、どうしますか？　意を決して光へ飛び込み**旅を終わらせるか、それとも、立ち止まるか。**

共通点はふたつです。

命のやりとりのモチーフ　プレイヤーが命の行く末を定める体験であること
未知の体験のモチーフ　プレイヤーが体験したことのない体験であること

共感し大切に思う命の行く末を、みずからの手で決める。今までに一度も体験したことのない状況で、今の自分が考えられることだけで決める。**そんな体験をもたらすため、ゲームは架空の物語を語ってきた**といっても過言ではありません。すべては、プレイヤー自身がみずからの意志を持つという体験のために。

物語のデザインの第3ステップは、**意志。**プレイヤーが意志を持つことは、言い換えれば**プレイヤー自身がみずからの物語を描こうとすること**に他なりません。

他者から与えられた物語ではなく、みずから未来を決める物語。翻弄と成長の果て、プレイヤーはみずからの意志で物語を描きはじめることになります。

実際、両作が発売された後、インターネット上には無数の「自分はこんな行動をとった」という発言があふれました。作品への高評価を世間に伝えたいという気持ちも、もちろんあったでしょう。しかし根本的にあるのは、**自分が描いた物語を語りたいという気持ち**ではないかと思います。自分の頭で素晴らしい考えに思い至ることができたとき、黙っているのは難しいものです。

そんな気持ちを利用した意志を持つ体験をデザインするモチーフとして、**解釈の余地のモチーフ**を追加します。物語中で明らかにされない部分をあえて残しておくことで、プレイヤーに「自分はどう思うか」と意志を持つように仕向けます。もし無数のプレイヤーの解釈が異なれば異なるほど、その作品は「深い」「考えさせられる」と高く評価されることでしょう。

解釈の余地を含んだ物語は「自分はこう思う」という解釈を身にまとい、物語られる度にその形を変えながら、人類の長い歴史をくぐりぬけてきました。その中でも、**もっとも長い時間人類とともに生き残ってきた物語**があります。それは……

神話です。

神話学の巨人ジョーセフ・キャンベルは、世界にあまた存在する神話を分析し、あらゆる神話に共通する型の存在を示唆しました。その名も**「英雄の旅」**、左ページの図にあるような円環構造をしています。

天命を知り、決意して旅に出て、境界を越え、仲間と出会う。最大の試練に立ち向かい、変容・成長して、試練を達成する。ここまでは、なるほど英雄の旅という名に恥じない流れだと感じますが……問題は最後です。**「家に帰る」**。英雄のふるまいにしては、ずいぶん庶民的でのほほんとしているといいますか、あまり格好がつかない感もある結末です。

しかし、実はラストオブアスも風ノ旅ビトも、ゲームのエンディングでは同様の結末が描かれています。**ゲームのスタート地点に戻る、それが両ゲームに共通する物語の結末**なんです。

英雄の旅（The Hero's Journey）

ラストオブアスでは、エリーを救う代わりに人類を救う手立てがなくなってしまいます。つらく厳しい旅の結果として、主人公ジョエルとエリーのふたりで**旅に出る前の状況に戻ってしまう**のです。挙句、エリーが麻酔で眠らされていたときに起きたことを巡って口論になるふたり。これこそが悲しいかな、私たちの終わり（The Last of Us）なんですね。

風ノ旅ビトの場合も同様です。山頂で光の谷に飛び込んだ主人公は光の玉となり、**スタート地点に舞い戻ります。**その様子を見たプレイヤーは「ゲーム冒頭で見た謎の光の玉は、みずからが生まれ変わった姿だったのか？　これからまた自分は旅に出るのだろうか？」と考えさせるような、余韻めいた幕引きです。

ここでいよいよ、この本の最後の問いを提示したいと思います。

ラストオブアスも、風ノ旅ビトも、スタート地点に戻るという終わりかたとなっています。その理由は何なのか、**なぜ物語はスタート地点で終わらなければならないのか？**　その理由をお答えいただきたいのです。……難問です。

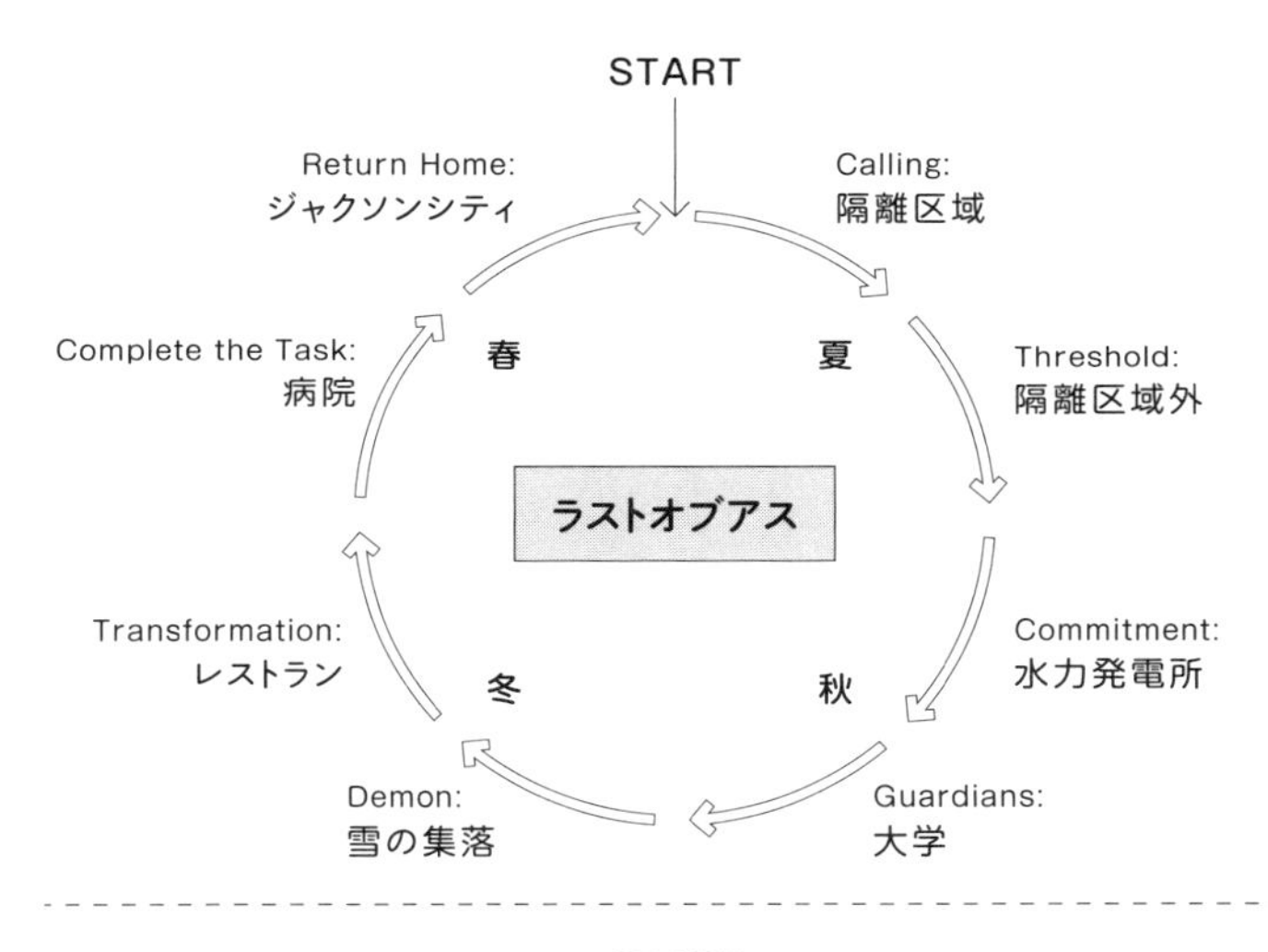

「英雄の旅」による両作の分析

この本では3度めの登場になりますが、体験デザインにおける難問に立ち向かうためには、**プレイヤーの気持ちを考えるのがセオリー**です。

プレイヤーはゲームの終幕まで、長い時間をかけて物語のデザインを通り抜けてきました。翻弄され、成長し、みずからの意志を持ち、みずからが描いた物語をみずから物語りたくなる……そんな体験でしたね。とくに成長という体験においては、収集と反復、選択と裁量、翻意と共感といったタフな体験を懸命にかいくぐってきました。要は、**とてもたいへんな旅でした**。ラストオブアスなら数十時間、風ノ旅ビトなら数時間という長い時間をかけた旅も、いよいよ終わろうとしています。

それなのに、最後はスタート地点に戻って、おしまい。長い時間を費やした意義がまるでない、**ただの無駄骨だった**と言われても、致し方ないように思えます。

しかし、本当にそうでしょうか？　たとえば、旅行。お金と時間を割いて旅行を楽しんでも、最後はスタート地点である家に帰ってきます。結局家に帰るんだから旅行には意義はない、無駄骨だ……そんなこと、誰が思うでしょうか？

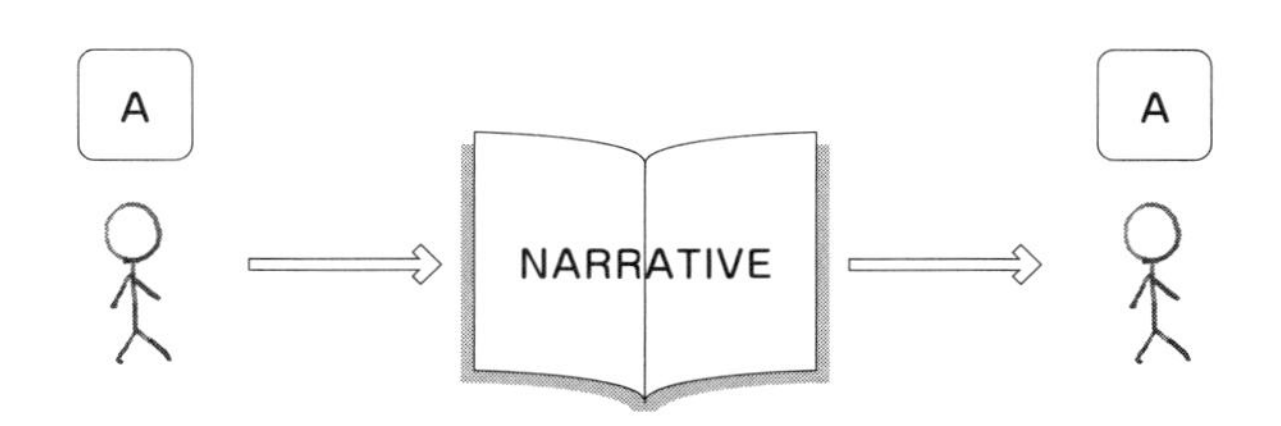

苦しい旅の結果、スタート地点に戻っただけだった。
そんな旅にどんな意味がある?

最終的に
家に帰るんだから
旅なんて
無意味?

旅は旅という体験自体が本質です。確かに、家に帰ってしまえば旅は終わり、日常に逆戻りです。しかし、旅という体験を通してあなたは成長し、旅に出る前と後のあなたは別人になります。それこそが旅の意義です。

ゲームだって同じです。ゲームという体験自体が本質であって、**体験を通してプレイヤーが変わることに意義がある**のですね。

しかし、まだ問題は残っています。

ゲームは体験を通してプレイヤーを成長させる……ここまではよしとしましょう。問題はその後です。たとえプレイヤーが実際に成長していたとしても、その張本人である**プレイヤーが自分自身の成長に気づかなければ意味がない**のです。

今この本を読んでいるあなたにも、同じことがいえます。今日のあなたは、昨日のあなたに比べて成長しているはずですが、**その成長を実感できますか？** 私たちは往々にして、自分の成長を認識できません。この問題への対処こそが……

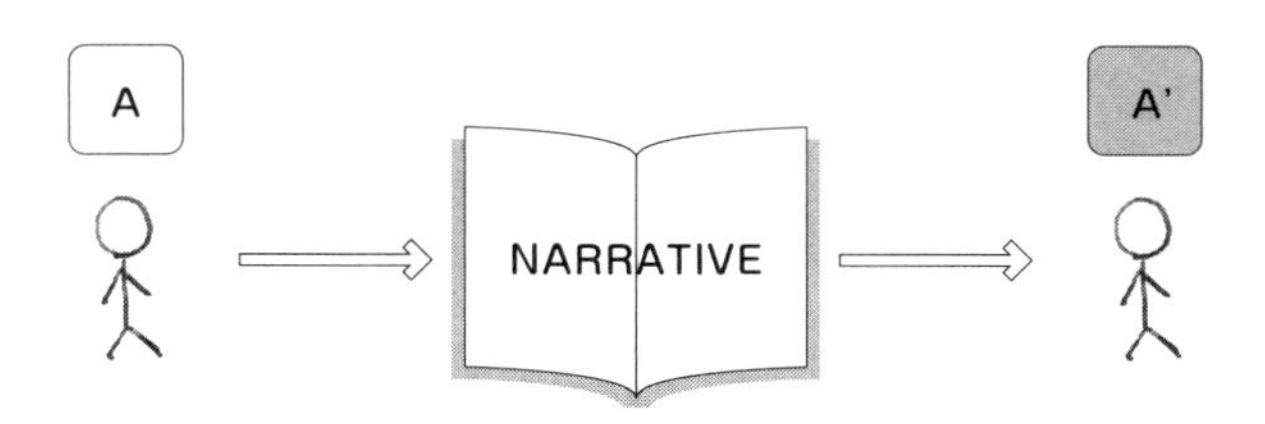

物語が終わり日常に戻った後でも、物語の意味が残る

物語の終わりにプレイヤーをスタート地点に戻すというデザインです。

英雄の旅の最終ステップが「家へ帰る」である理由も同様です。物語を通り抜け成長した者に、みずからの成長を気づかせたいからこそ、わざわざ家というスタート地点に戻し、物語を通り抜ける前の自分を思い出させ、ひいては**体験を通り抜ける前後の自分を比べさせている**のです。

物語の使命は、物語の受け手を成長させること。だからこそ、英雄の旅は「家へ帰る」という構造になっているのです。そんな物語の構造が人類の歴史上普遍的であったということは、私たち人間がまだ文字すら持たなかった頃から、ただひたすら成長を願ってきたことの証明にもなっていると思います。

時間を超えて記憶を結びつけ、成長に気づかせる。物語全体でそんな体験デザインをやってのけているのが**「スタートに戻る」モチーフ**です。

ところで、解説を先送りにしていたお話がありましたよね。憶えていますか?

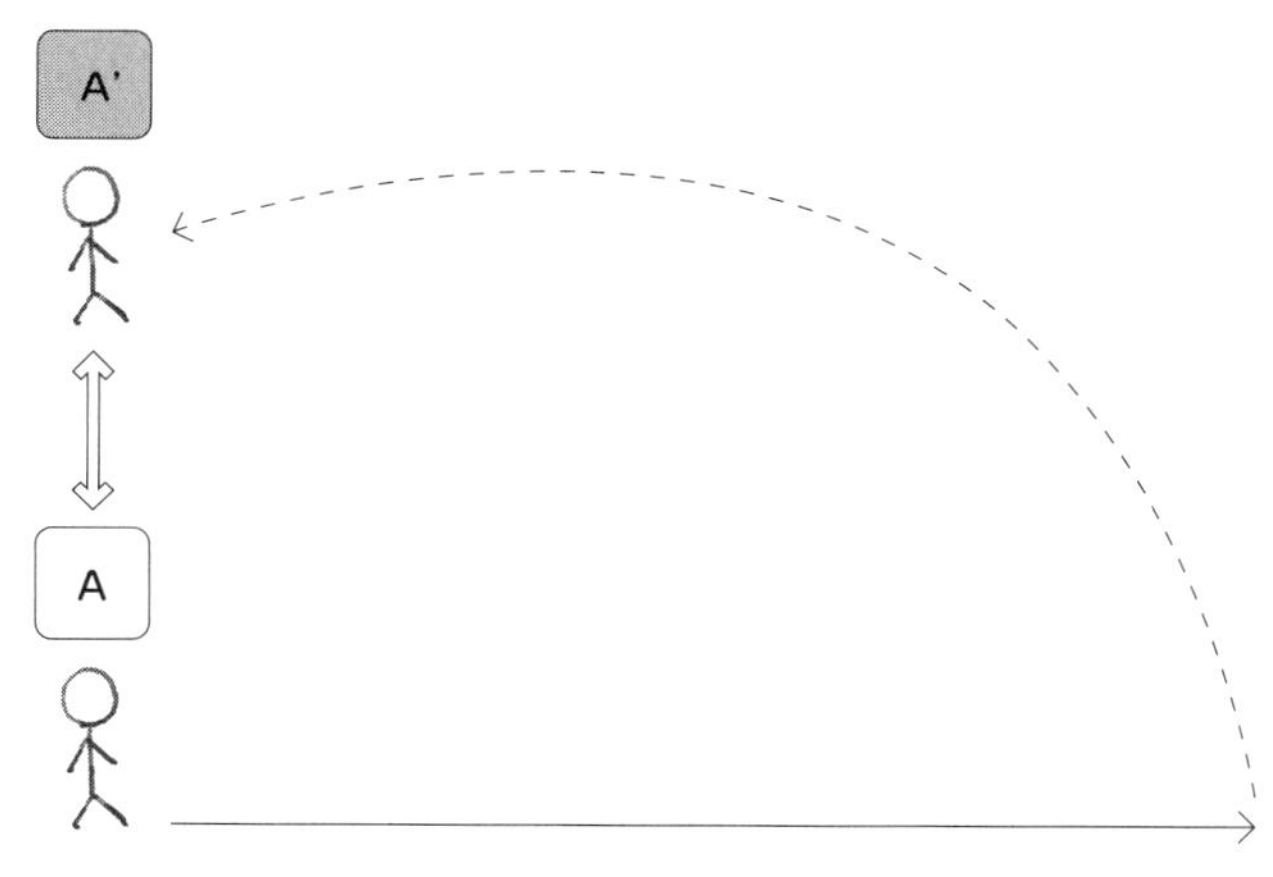

同じ環境で比較させ成長を認識させる

ラストオブアスの冒頭、自分を殺してくれと懇願する男がいました。この男は「菌に感染するとゾンビになる」というルールを伝えるという実務的な機能を果たしていますが、実はもうひとつ隠された意味があります。

ゲーム開始直後、この男はプレイヤーを「俺に人を殺せって？」とドギマギさせますが、そこに隠された真意は一度ゲームをクリアし、**2周目を遊ぶとき**にわかります。1周目はドギマギしたプレイヤーも、2週目は落ち着いて「面倒だから撃つ」「弾の節約のため撃たない」など瞬時に対処します。

そしてその後、ふと気づくのです。あぁ、1周目に比べたら、ずいぶん俺も成長したな……と。ラストオブアスは、**逆境や混乱の中にあっても冷静に対処し生き残る強さ**という形でプレイヤーが達成した成長を明確に認識させているんですね。

一方風ノ旅ビトは、**偶発的な出会いであっても互いに思いやり生きようとするやさしさ**という形で、プレイヤーを成長させています。2周目を遊ぶプレイヤーは、1周目とは打って変わって、同行者をやさしく導こうとします。これこそプレイヤー自身が成長した証明であり、**ゲームの意義の証明**でもあります。

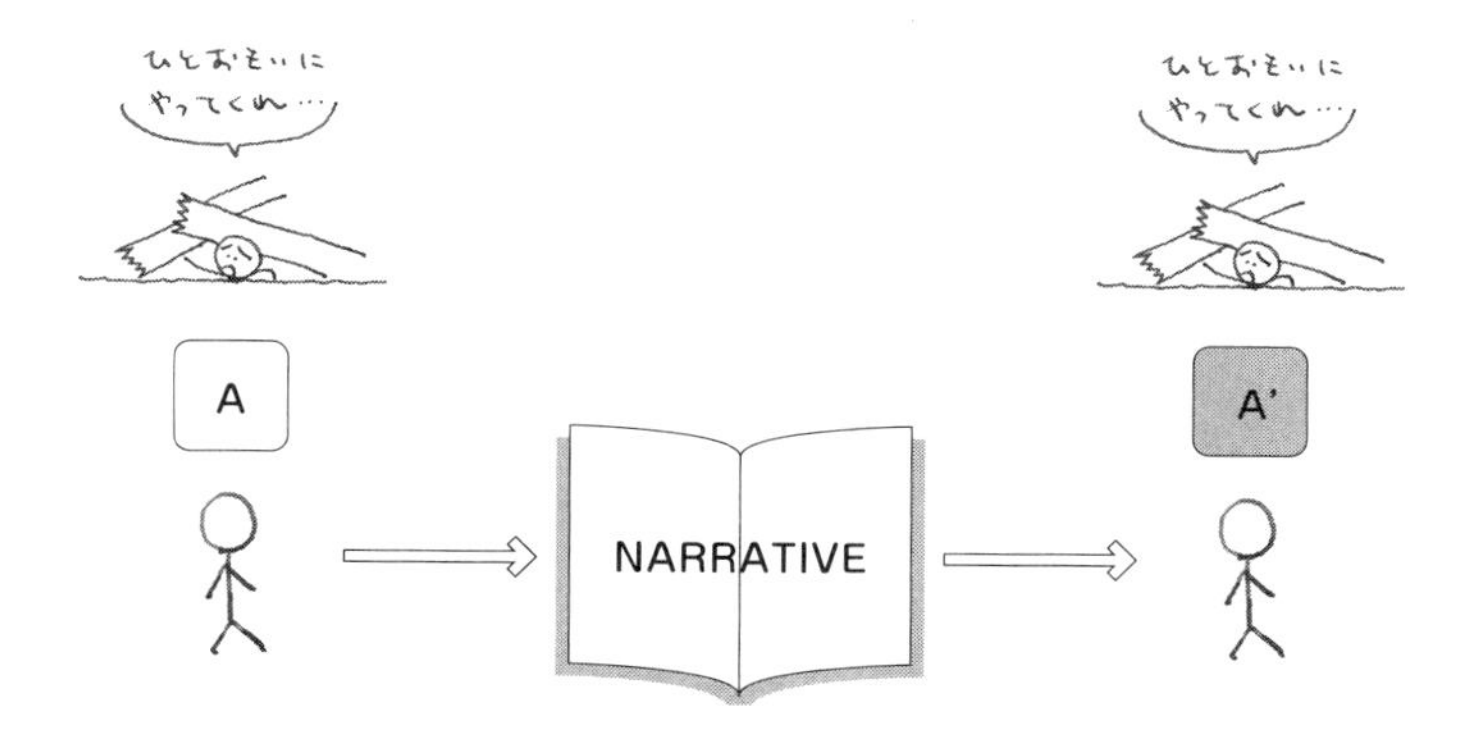

殺してくれと懇願する男は、プレイヤーの成長の伏線になっている

ゲームに意義はあるか？　という深刻な問いからはじまった第3章も、やっと終着です。物語のデザインの全体像をまとめましょう。

1　翻弄　物語を理解しようとするプレイヤーを翻弄し、物語らせる
2　成長　物語中の主人公同様、プレイヤーを成長させる
3　意志　プレイヤー自身の意志で運命を切り開かせる

旅と同じように、ゲームは体験そのものを通して生まれるプレイヤー自身の物語にこそ、意義があります。この本をまとめるにあたり、たくさんの人にこう訊ねました。**いちばんのゲームの思い出って、何ですか？**　……みな楽しそうに語ってくれました。印象的な記憶があるからこそ、私たちは物語ることができます。

記憶があってこそ、人は語る。

この本の最後に、体験と記憶の関係について、すこし考えてみたいと思います。

物語のデザイン

原則	体験を通してユーザ自身の物語を生み出させる

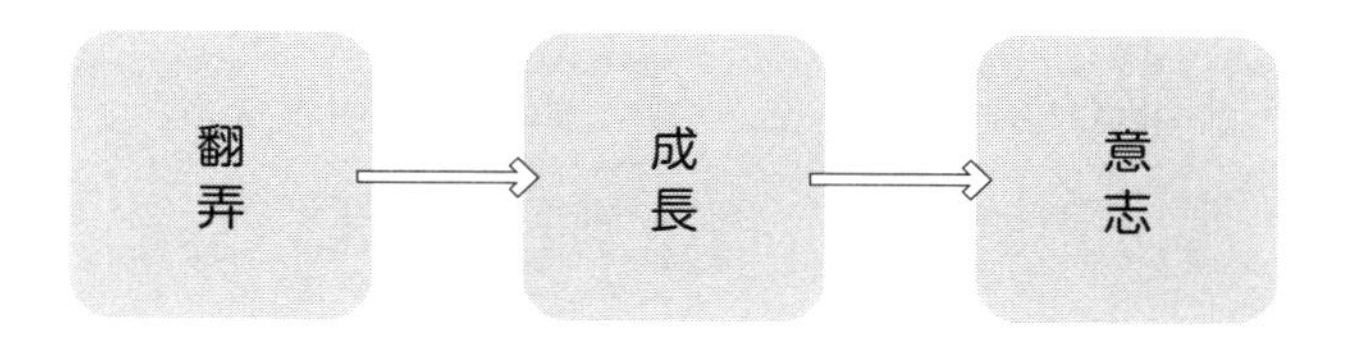

環境
ストーリーテリング

テンポと
コントラスト

伏線

収集と反復
- 穴を提示する
- 全体像を予感させる
- リズムをつける
- 問題を未解決のままにする

選択と裁量
- リスクとリターンを設定する
- 難易度を調整させる
- フィードバックを返す
- 相互作用的にふるまう

翻意と共感
- 主人公を不幸にする
- 面倒な同行者を登場させ
- 主観と客観を入れ替える
- 同行者への評価を翻らせる

命のやりとり

未知の体験

解釈の余地

スタートに戻る

第3章　物語のデザインのまとめ

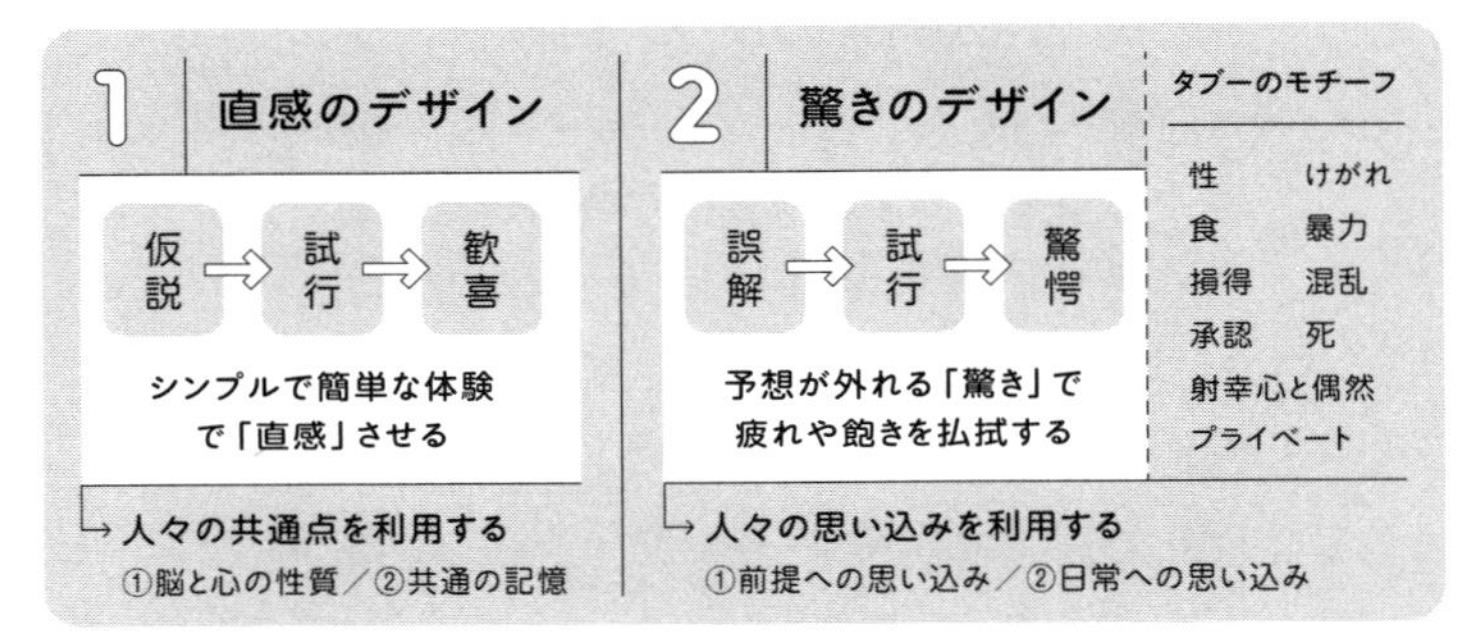
1
直感のデザイン
仮説
試行
歓喜
シンプルで簡単な体験
で「直感」させる
人々の共通点を利用する
①脳と心の性質／②共通の記憶
2
驚きのデザイン
誤解
試行
驚愕
予想が外れる「驚き」で
疲れや飽きを払拭する
人々の思い込みを利用する
①前提への思い込み／②日常への思い込み
タブーのモチーフ
性
けがれ
食
暴力
損得
混乱
承認
死
射幸心と偶然
プライベート

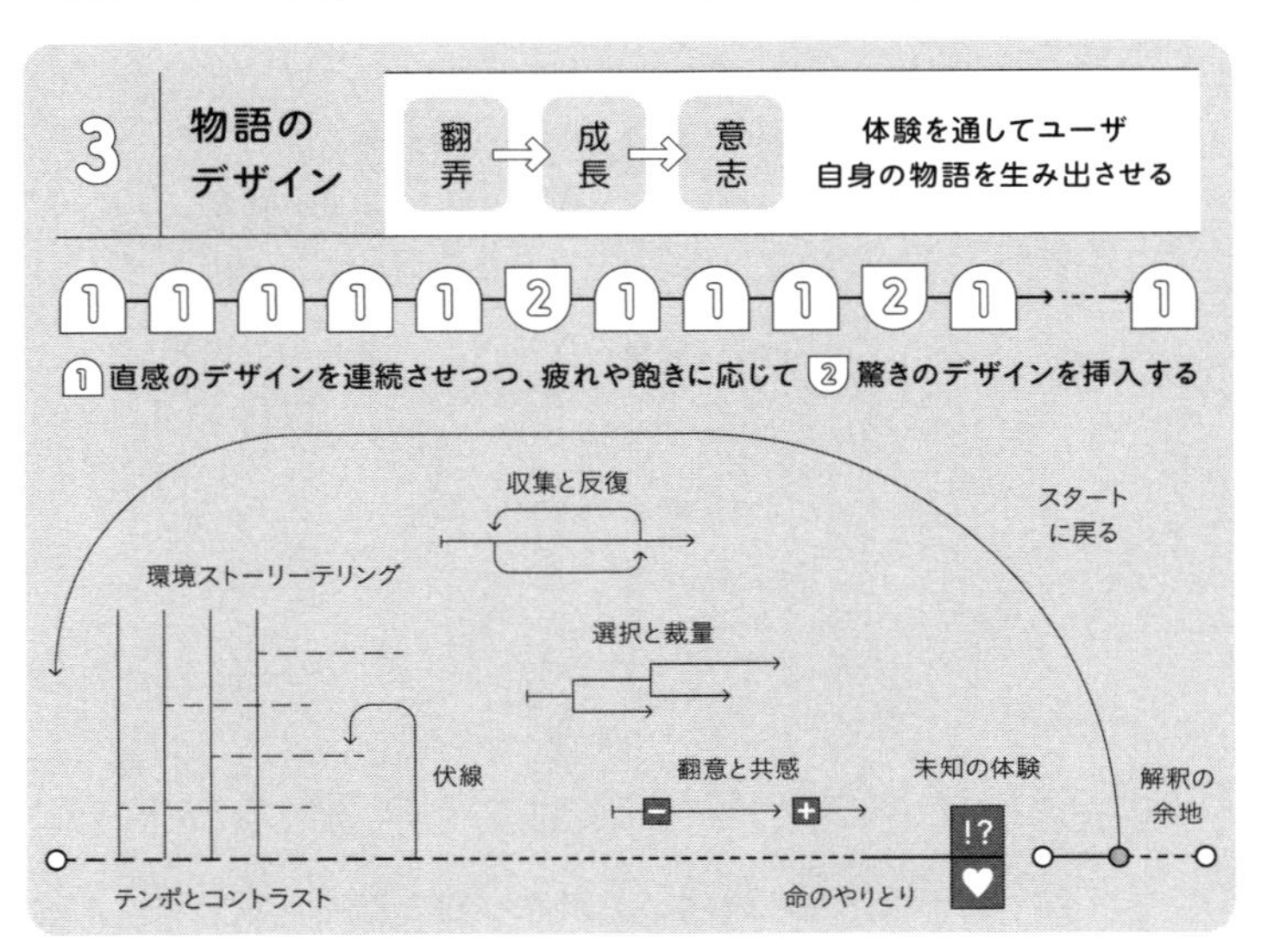
3
物語の
デザイン
翻弄
成長
意志
体験を通してユーザ
自身の物語を生み出させる
1直感のデザインを連続させつつ、疲れや飽きに応じて2驚きのデザインを挿入する
収集と反復
スタート
に戻る
環境ストーリーテリング
選択と裁量
伏線
翻意と共感
未知の体験
解釈の
余地
!?
テンポとコントラスト
命のやりとり

終章

私たちを突き動かす「体験→感情→記憶」

体験と記憶。このふたつの関係について考えるにあたり、ここであらためて、この本であげた3つの体験デザインを振り返ってみましょう。

直感のデザイン　仮説↓試行↓歓喜
驚きのデザイン　誤解↓試行↓驚愕
物語のデザイン　翻弄↓成長↓意志

思い返せば、ゲームは無数の体験デザインを通して、プレイヤーの感情を動かしています。よろこび・いかり・かなしみ・たのしさ。**幾多の感情を一手ずつ繰り出し、そのときそのときの文脈をつくりながら、プレイヤーの心を動かしていく。**それが体験デザインの正体です。

心が動く体験をくぐり抜けた結果、プレイヤーにはゲームで遊んだ思い出という形で記憶が残るでしょう。**体験、記憶、そして感情……この3つの関係性**を整理すると、その推測は確かなものへと変わります。

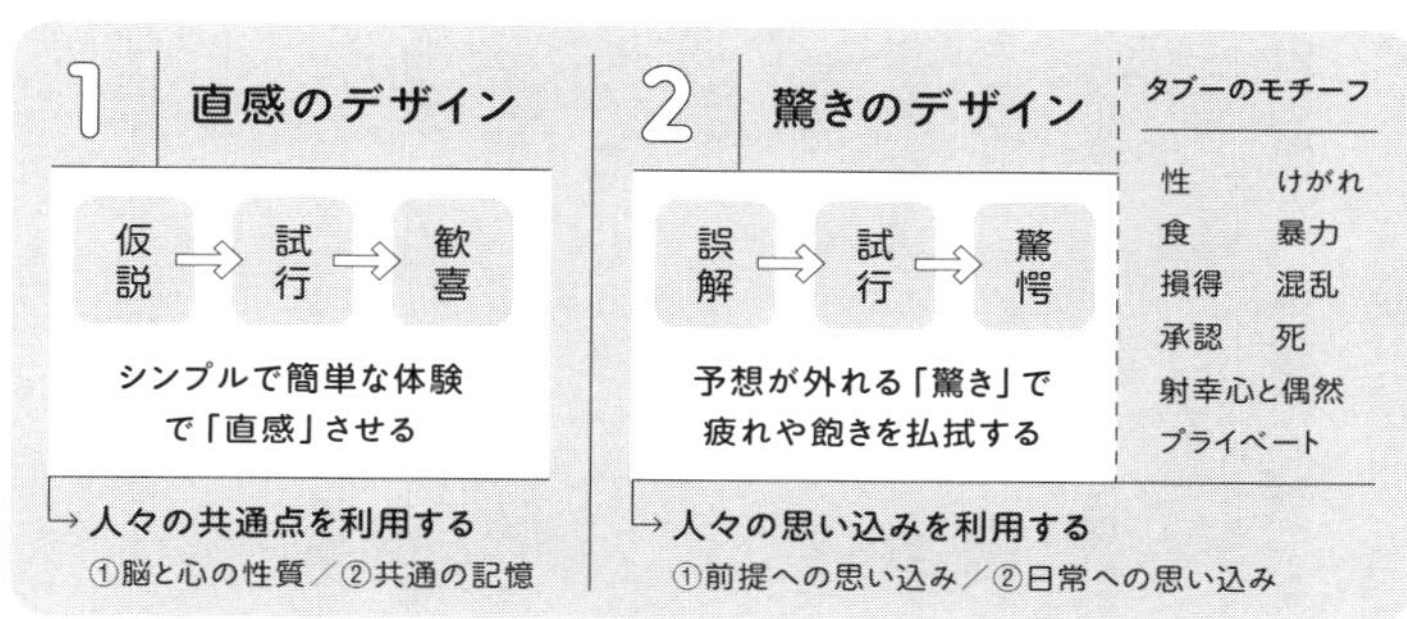

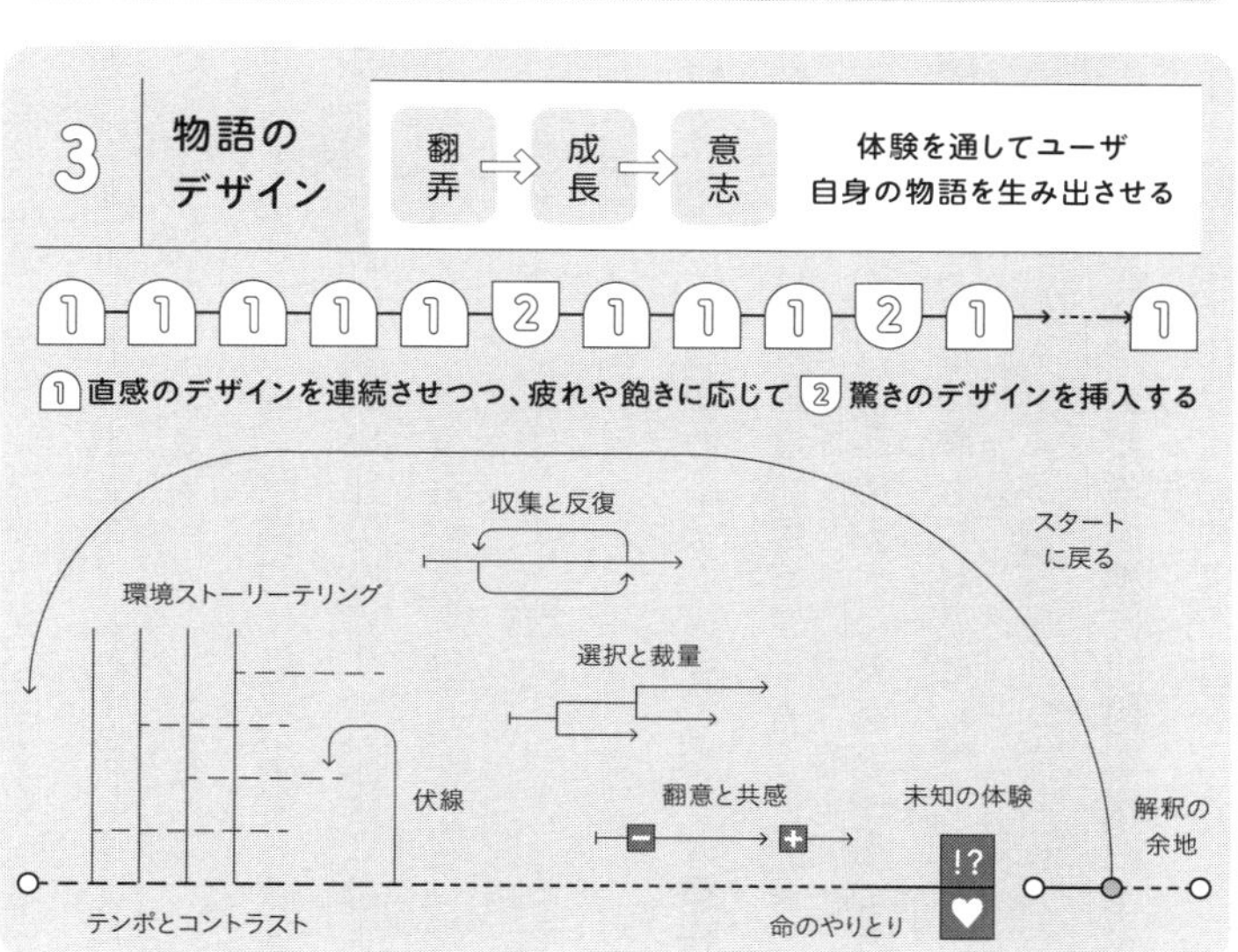

3つの体験デザインのまとめ

記憶は大きく3つに分類されます。長期記憶・短期記憶・感覚記憶です。長期記憶は文字通り長く憶えておける記憶で、この本における記憶はこれを指します。

長期記憶はさらに細かく分類されています。まずは、意識的に思い出せる陳述記憶と、意識的に想起できない非陳述記憶。思い出せない記憶なんて、記憶とはよべないのでは？　と思われるかもしれませんが、たとえば自転車の乗りかたは「乗ればわかるけど、体の動かしかたをすべて言葉で説明することはできない」わけで、まさに非陳述、言葉で表現しようがない記憶ですね。

一方、陳述記憶は言葉にできる記憶で、主に2種類あります。ひとつめは**意味記憶**。意味そのものの記憶で、長期保存に適した効率的な記憶です。もう一方は、**エピソード記憶**。エピソードとは5W1Hがついている「何があったのか」という情報を指しますから、いわば**体験の記憶**といってもよいかもしれません。

意味の記憶と、体験の記憶。このふたつを見分けるための練習問題を次ページに準備しました。意味記憶か、エピソード記憶か、考えてみてください。

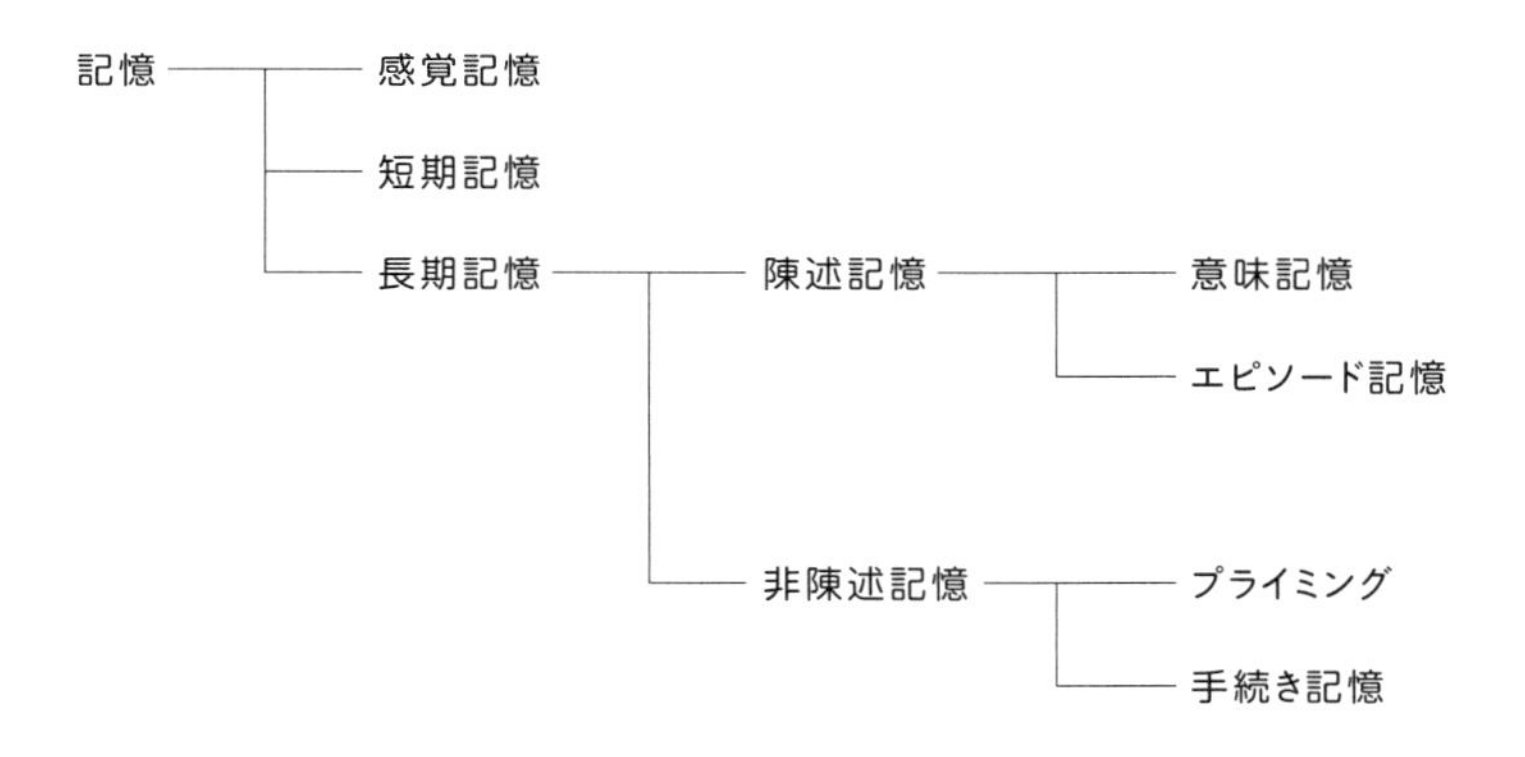

記憶の分類

・1492年、コロンブス、アメリカ大陸発見
・コロンブスのアメリカ大陸発見が1492年だと、社会の授業で習った

ちょっと簡単過ぎましたか？　こたえは前者が意味記憶、後者がエピソード記憶です。私たちの脳に記憶が刻み込まれるとき、いきなり意味記憶がつくられるのではなく、次の2ステップを踏むことになります。

・まず「授業で習った」という体験が**エピソード記憶として生成**される
・その後、年号と出来事だけの**意味記憶がエピソード記憶から生成**される

体験は、いったん脳にエピソード記憶として蓄えられます。その後、意味記憶に変換され長期保存されたり、強烈なエピソード記憶がそのまま保存されたりすることになります。

ここでポイントとなるのは、どんなエピソード記憶を長く保存するのか、その選別基準です。**どんなエピソードが強く心に残るのか**、それは……

「角」って
名前の
教室のカベに
小さな穴がたく
プールの
次の時間
眠くて
大変だ
学生服の
カラーが首に
黒板の字が
大きい先生
メガネの
先生だった
社会の授業で
習ったっけなー…

エピソード記憶

強く感情が動いたかどうかで決まります。仰々しく発表するのが馬鹿馬鹿しいほど当たり前の話ですよね。ある体験で感情が動いたら、記憶に残る……**「体験→感情→記憶」という流れが、常に私たちの人生を突き動かしています。**この流れを逆にたどると、こうもいえます。**あなたが今記憶していることは、あなたの感情を強く揺り動かした体験だったはずだ、**と。

人々がよく憶えているゲームの名場面には、必ず人々の心を動かす体験デザインが隠れているはずなんです。さらにいえば、あなたがよく憶えているゲームの場面には、あなたの心を動かす体験デザインが隠れているはずです。

体験が現在形なら、記憶は過去形……**体験は記憶の現在形**です。あなたの記憶をたどることから、あなたの体験デザインは始まります。記憶さえあればよいのです。あなたという人間の感情を確かに突き動かした体験＝記憶を確かな土台として、無数の人々の心を動かす体験をデザインしていけばいいのですね。一方で、もしご自身を起点にした体験デザインに自信がないのなら……

Experience = 5W1H + Emotion + Now

Memory = 5W1H + Emotion + Then

体験と記憶

たくさんの学問が人間の体験や記憶を研究領域としているので、そういった学問的見地から体験デザインをはじめるという手もあります。

しかし、問題もあります。心が動く体験をつくるための学問というものは、単体では存在していないようなんです。

体験デザインに関する知見は、無数の学問分野をまたいで広がっています。しかも、情報技術の発達によって個々の研究領域が繋がれ、新しい知見が急速に生み出されています。だからこそ**体験デザインはさまざまな職業や専門性を持つ人々が集い、協力しながら研究すべきメタ的・学際的な研究領域**になるでしょう。

「いかに心が動く体験をつくるか」。それは私たちの生きかたを左右する本質的な問いです。しかし、残念ながら今の社会はそんな問いを考えてデザインされてはいないようです。社会構造、企業や組織、学校教育、日々の暮らし……さまざまな場面で体験デザインの考えかたが活用されたら、人類は、社会は、**あなたの人生は、どんな風に変わっていくのか。**そんなことを、つい想像してしまいます。

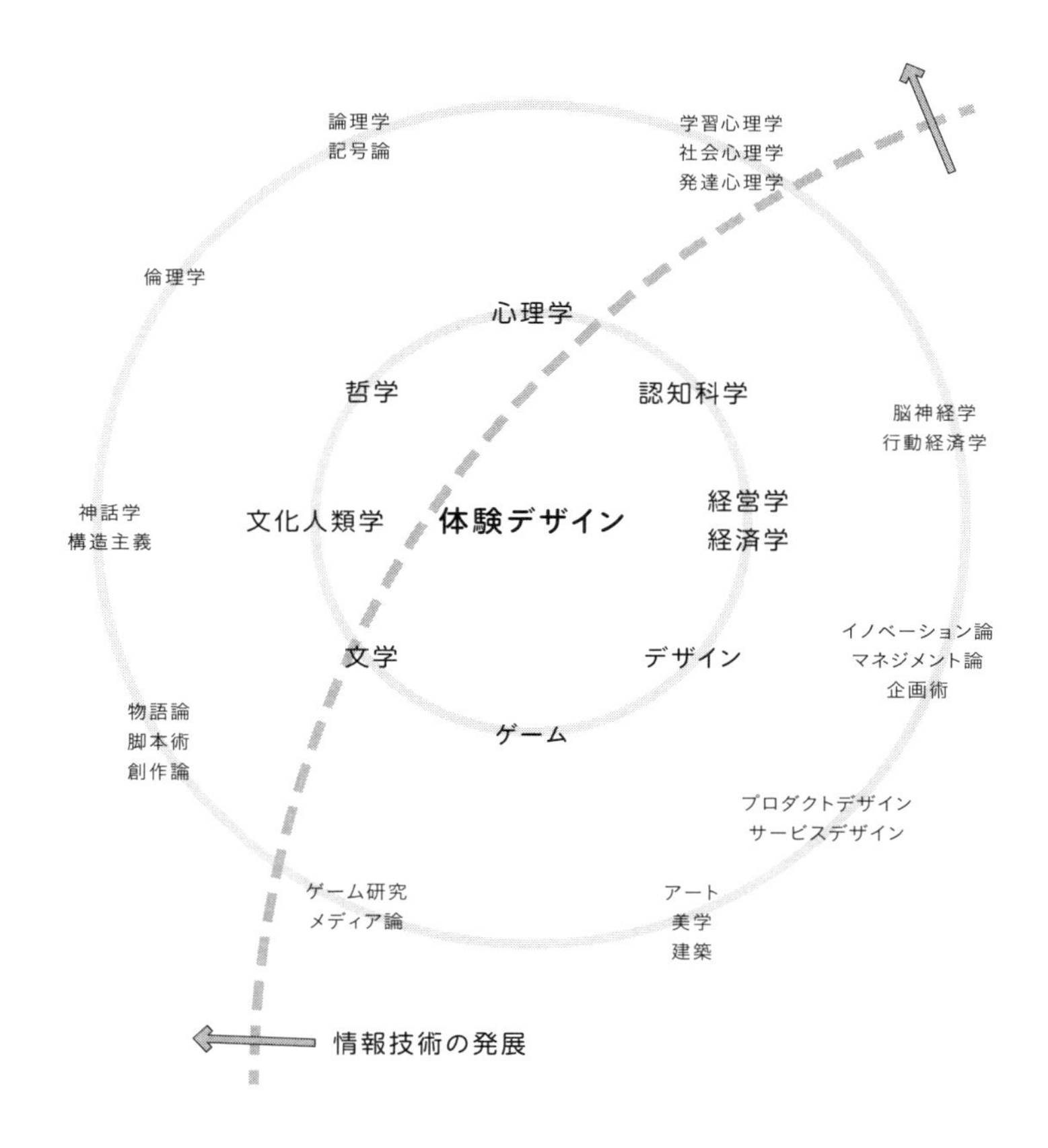

体験デザインにまつわる研究領域群
（筆者の試案。足りないものは無数にあるはずです）

体験デザインには無数の学問領域の助けが必要だ

巻末1

「体験のつくりかた」の使いかた

（実践編）

ユーザの心を動かす体験を、いかにつくるか。この本が論じてきた体験デザインの手法を、この1ページにぎゅーっと凝縮して復習してみましょう。

1　直感のデザイン　仮説↓試行↓歓喜

2　驚きのデザイン　誤解↓試行↓驚愕

3　物語のデザイン　翻弄↓成長↓意志

直感のデザインは、体験デザインにおけるもっとも基本となる体験です。お仕着せの体験を自発的な体験へと変え、ユーザみずからが直感的に行動・学習することを助け、ひいては「ついやってしまう」体験をデザインするための手法です。人々に共通する脳や心の性質や記憶を利用し、シンプルで簡単な体験をデザインすることで、ユーザ全員に仮説を抱かせ、試行させ、仮説が正しかったことをユーザ自身に気づかせ歓喜させます。

一方で、直感の体験には問題もあります。連続するとユーザに疲れや飽きをもたらし、体験自体を止めさせてしまうのです。そこで、「つい夢中になってしまう」体験をデザインするために必要となるのが、驚きのデザインです。「こうなるはずだ」という前提への思い込みと「平穏な日常が続くはずだ」という日常への思い込みを利用し、ユーザの予想を覆すことで驚かせます。

これらふたつの体験デザインを組み合わせることで、直感的かつ飽きることのない長時間の体験を構成できます。しかし、その体験に意義がなければ、ユーザの心は動きません。そこで必要となるのが物語のデザインです。状況を理解しようとするユーザを翻弄し、成長させ、みずからの意志を持つまで導く物語によって、体験に意義を与えます。

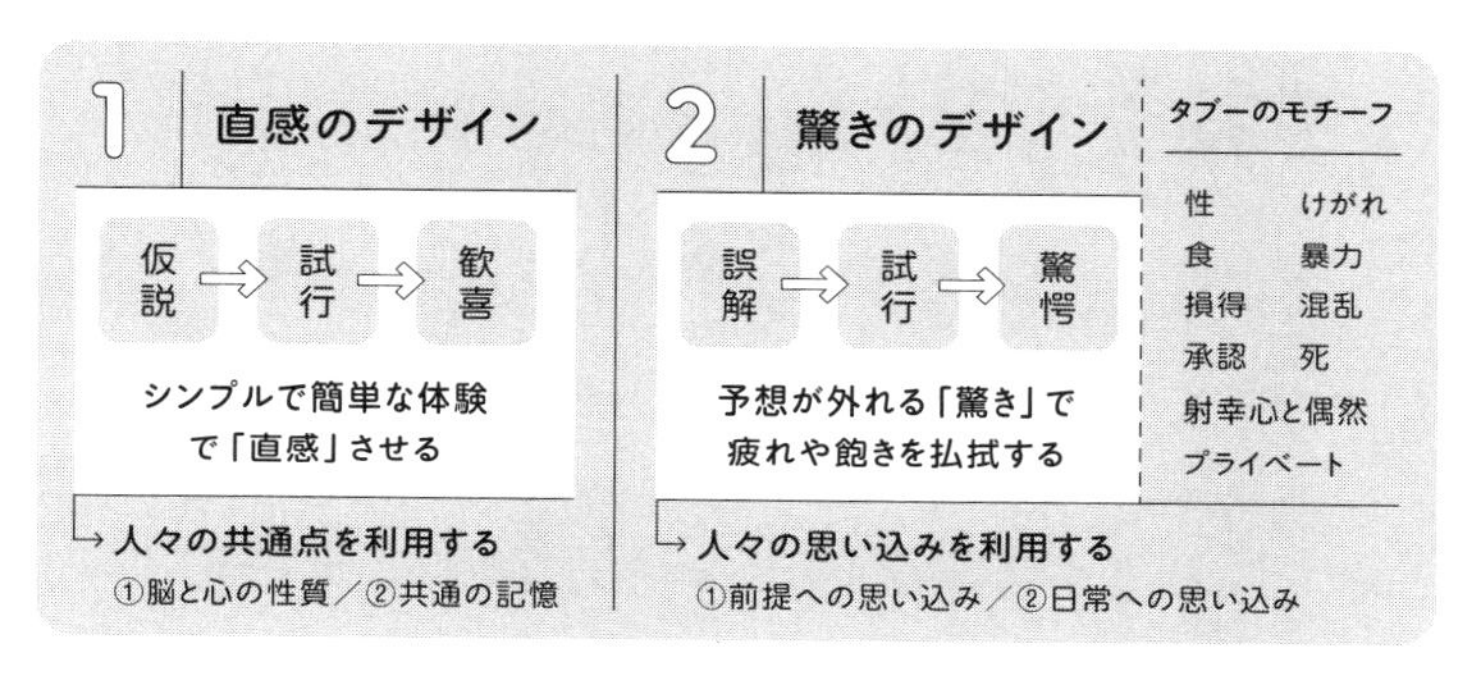

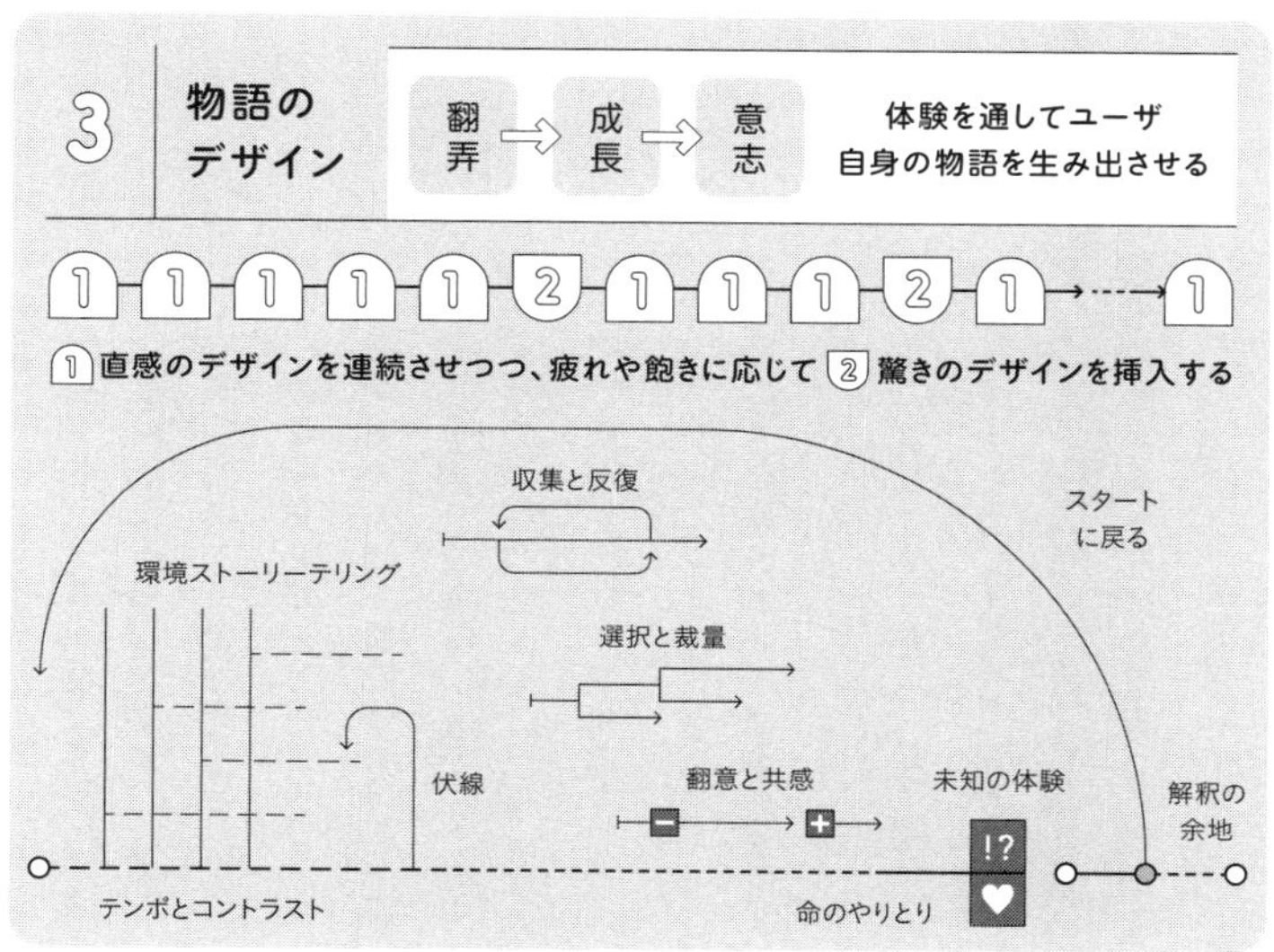

3つの体験デザインのまとめ

さて、ここからは応用編です。この本で論じてきた3つの体験デザインを、仕事や暮らしでどう使うのか。具体的なテーマとして、次の5つについて考えていきます。

応用1　考える／企画
応用2　話し合う／ファシリテーション
応用3　伝える／プレゼンテーション
応用4　設計する／プロダクトデザイン
応用5　育てる／マネジメント

ただし、ここで注意していただきたい点があります。企画を例にとるならば、ここから論じる内容は、「よい企画を出すための方法」ではありません。企画するという体験を再設計することで「つい企画を考えてしまう、考えることに夢中になってしまう、考えることに意義を感じ、つい誰かに言いたくなってしまう」ような体験をつくることこそが目的です。もちろん、その結果としてよい企画ができる可能性は高まるはずです。しかし、あくまでも直接的によい企画を出すための手法ではない点にお気をつけください。

この考えかたは、体験デザインそのものにも同じことがいえます。体験というものは、常に時間とともに流れていく過程そのものです。その過程をデザインすることこそが体験デザインであって、「おもしろい」という結果を直接つくり出すわけではありません。

ゲームデザイナーなら、誰もが「おもしろいゲームをつくりたい」と願います。しかし、「おもしろい」はあくまで結果であって、過程ではありません。だからこそデザイナーは「どんな過程なら結果的におもしろいと評価されるのか」を考えなければいけません。

ひとつ例をあげます。ここに何の変哲もない、つまらない石ころがひとつあります。この石ころをおもしろくしてください。

＋

ただの石ころなんて、どうあがいても、おもしろくもありません。じゃあどうやっておもしろくするか……石ころそのものを考えていたのでは歯が立たなさそうです。そこで、こんな回答例はいかがでしょう。

回答例1。長くまっすぐな道の真ん中に置く。通りがかった人は、それがただの石であろうとも、つい蹴りたくなるでしょう。

回答例2。ホラー映画を見ている人の脇に落とす。きっと驚きます、あまりに滑稽な驚きかたに、笑いが生まれるかもしれません。

回答例3。監禁されている人のポケットに忍ばせる。なぜ石があるのか？　その石を使って逃げられないか？　ただの石ころを前に、真剣に考えることでしょう。

おわかりいただけましたか？　大切なのは石ころそのものではなく、石ころとユーザがふれあう文脈です。ユーザはどんな文脈で石ころと接したのか、それこそが体験の価値を生んでいます。

そんな「心の文脈」とでもいうべきものをとらえるところから、体験デザインの応用をはじめたいと思います。

つまらない体験・うまくいかない体験を観察し、体験の価値を引き下げている心の文脈を発見した後、体験をデザインする。そんな流れをイメージしながら、応用編をお読みいただければと思います。

応用

1

考える／企画

いくら考えてもよいアイデアが思い浮かばないことって、ありますよね。

企画の天才なら、どんなにアイデアが出ない苦しい時間が続いても、延々と考え続けられるのかもしれません。でも普通、私たちは考える辛さに耐えかねて、つい考えることから逃げてしまいます。

そんな風に逃げてばかりいる私たちは、ダメ人間なのでしょうか？　いやいや、そんなことはないはずです。きっと「企画の考えかた」が悪いんです。アイデアを出さなければならない時につい私たちが採用してしまう「延々と考え続ける」というアプローチそのものが、まちがいのもとです。

そこで応用したいのが、体験デザインです。企画を考えるという体験自体をデザインして、楽しくゆたかな体験へとつくり直してみたいと思います。

まず手始めに「延々と考え続ける」というアプローチを採用して苦しんでいる人の心の中をのぞき込んで、観察してみたいと思います。きっと、こんなドロドロな感じです。

「アイデアが出なくて不安だ……」

「いつアイデアが出るか、予想すら成り立たなくて不安だ……」
「役に立つアイデアが出るか出ないか、それすらわからないから不安だ……」

もの見事に、不安だらけですね。アイデアが降りてくるのをひたすらに待つというアプローチはあまりに無謀すぎて、ひたすら不安ばかり生んでしまっています。その結果、考えること自体に疲れてしまったり、飽きてしまったりします。つい考えることから逃げてしまうのも、無理はありません。

ここで思い出していただきたいのが、この本であげた3つの体験デザインです。3つのうちどれかを応用すればよいということなのですが……真っ先に応用すべきは、どの体験デザインでしょうか?

そこでおすすめするのが、次の指標です。

1 わかりにくいことが問題なら、直感のデザインを応用する

2 疲れや飽きが問題なら、驚きのデザインを応用する

3 やりがいがないことが問題なら、物語のデザインを応用する

「考える/企画する」という体験の最大の問題は、無謀なアプローチが不安を生み、疲れや飽きが発生してしまうことにあります。だからこそ、真っ先に応用すべき体験デザインは「驚きのデザイン」ではないか、と目星をつけられます。

第2章「驚きのデザイン」では、人々に共通する思い込みを利用することで驚きを生む方法についてお話ししました。前提を覆したり、日常を非日常へと転換することで驚きを生むわけですが、そこで特に便利なのが「タブーのモチーフ」でした。

ここでは、10個あるタブーのモチーフから「プライベートのモチーフ」を利用し、次のようなアプローチを提案します。

みなに秘密にしている／人前で言えないことを考えよ

お客さんの心をひきつけたい、上司に理解してほしい……そんな企画を考えようとするとき、あなたはつねに「あなた以外の誰かについて考える」ことになります。言い換えれば、企画を考えようとすればするほど、自分自身のことを考えにくくなってしまうんですね。そんな状態では、プライベートのモチーフが考えに浮かぶことは少なくなり、驚きがなくなり、やがて企画を考えること自体に疲れ、飽きてしまうことでしょう。

だからこそ、もしあなたが企画を考えなければならないとき、他人について考えることを止めてみていただきたいのです。

そのかわり、あなた個人のプライベートについて考えてみてください。プライベートが露わになればなるほど、あなた自身を驚かせ、興奮させることができるはずです。

「これは人前では言えないな」と思えるようなプライベートな内容をイメージして、鼻息が荒くなってきたら成功です。少なくとも、延々と考え続けることができるようになっているはずです。

考え続ける時も、下手に結論を急がず、自分が興奮できること、共感できること、確信できることを断片的に集めていくのがコツです。考えたことが役に立ちそうかどうかなんて、無視してください。この時点で大切なのは、自分自身を驚かせ、疲れや飽きを遠ざけて、考え続けることですから。

さて。首尾よく企画を考え続けることに成功すると、無数の思考の断片が積み上がってくるはずです。メモ帳や付箋に記録しておくと、いかにもあなたらしい思考の断片が並んでいるはずです。

そんな思考の断片を目の前にしたら、きっとあなたは直感するはずです。あなたの興味関心に偏りがあることに。

思考の断片の共通点から あなたの大切なことを発見せよ

普段のあなたが、多大な手間を支払ってまで隠し続けてきたプライベートなことに共通すること。たとえば……あなたの理想、根源的な価値観。大切だけどあきらめてしまったこと、命に代えても守りたいもの、善悪の基準。あなたの人生における最重要テーマを、思考の断片の奥に探しましょう。「私にとって大切なことって、これだったんだ」と直感するという体験こそ、企画を考えるという体験にデザインしたいことなのです。

思考の断片は、いわば直感のもとです。気づいたり、思いついたり、確信したり。そんな体験を連続させることができれば、企画を考えるという体験は、まるでゲームのように楽しくて止められないものへと変化します。

ここまで来れば、「考える／企画する」という体験はもはや「あなた自身の人生に直接関係すること・自分ごと」です。あなたの脳の中の無意識が「これは大切なことだ。企画を考えることで、私はしあわせになれるのだ」という判断を下した証拠です。

逆に言えば、あなたが「自分ごと」として考えている大切なことを失う危機が訪れたなら、きっとあなたの無意識はさらに猛烈に興奮しはじめるはずです。

そこで、最後のアプローチです。

あなたが大切なものを失い危機に陥る物語を描け

企画を考えるという体験を力強く駆動するために、あなたが大切にしているものを失ってしまう物語を描くんですね。そして、あなた自身が大切なものを取り戻すための企画を考えるという文脈をつくります。

アイデアを出すことができれば、あなたの人生が危機から救われる……そんな文脈をつくることで、企画を考えることをあなた自身のしあわせと等価にしてしまいましょう。それほどの意義があることなら、きっとあなたの脳は真剣に企画を考え続けるはずです。求める企画も、目の前かもしれません。

＋

いかがでしたか？「企画を考える」という体験自体をデザインすることで、あなた自身を突き動かす。そんな体験デザインのアプローチを感じていただけたでしょうか。

もしよろしければ、あなた自身で実験してみてください。あなたが失うことをもっとも恐れている大切なものって、何ですか？

問題	アイデアはいつ出る？　不安だ…

1. みなに秘密にしている／人前で言えないことを考えよ
2. 思考の断片の共通点からあなたの大切なことを発見せよ
3. あなたが大切なものを失い危機に陥る物語を描け

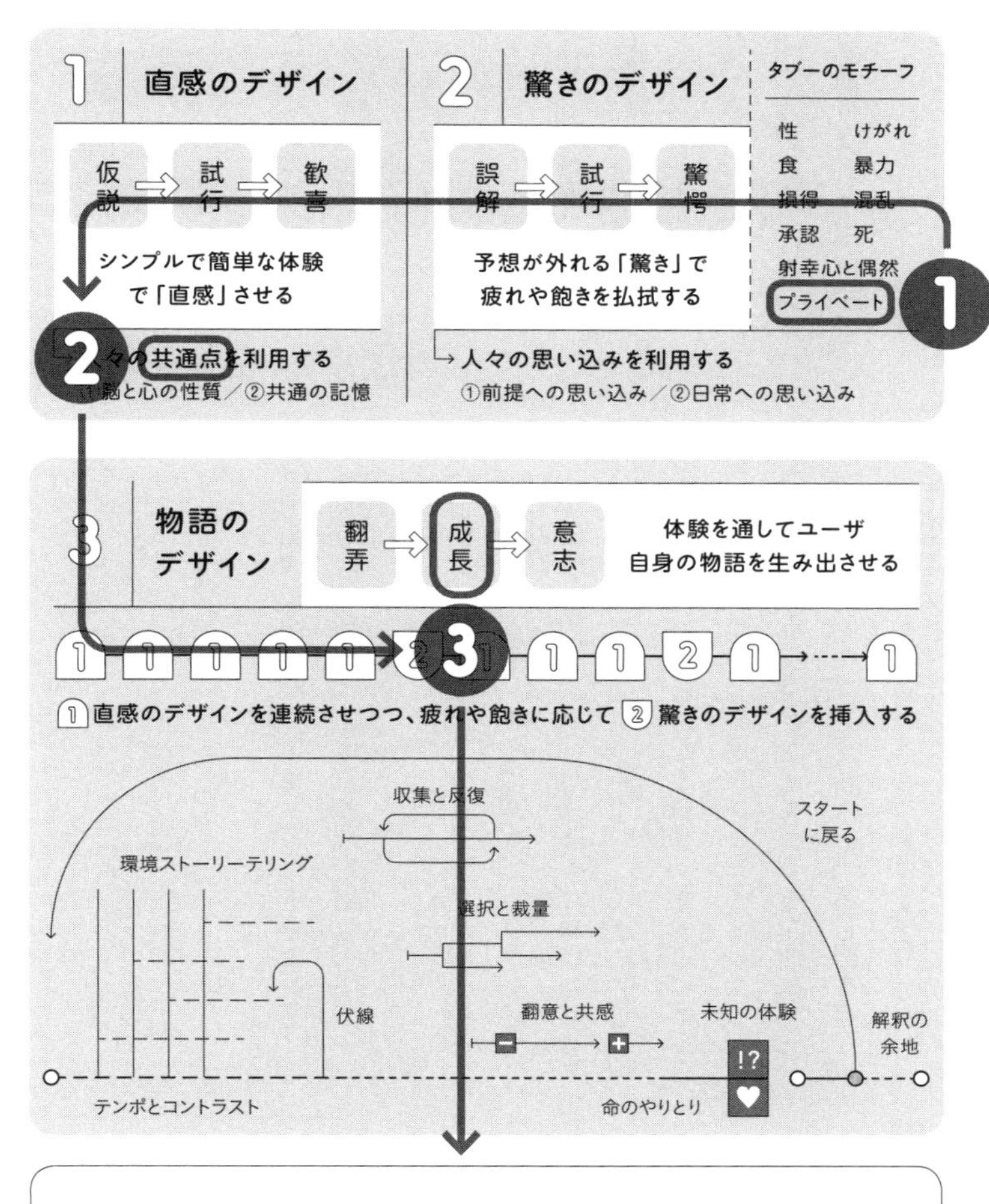

企画を考えること＝自分について考えること

応用

2

話し合う／ファシリテーション

ひとりで企画を考えた後に待つのは、チームでの議論。続いてのテーマは「話し合う／ファシリテーション」です。

話し合いながら企画を磨きつつ、チームの意思も統一しなければならない場面ではありますが……これがいかに難しいか、みなさんも一度は体験されたことありますよね。

そんな時、一般的には、議論を導くファシリテーションの能力が必要とされています。メンバーが議論へ参加しやすくするようサポートし、質問などで意見を引き出し、盛り上げ、議論を整理し……やがてはチームを相互理解や合意形成へと導く能力を指します。

とはいえ、そんな能力、どうやって学べばいいんでしょう？　さらに言えば、ファシリテーション能力のない人は議論してはいけないのでしょうか？

率直に言えば、私はそうは思いません。そこで、ここではいったんファシリテーション能力を磨くという考えかたをいったん放棄したいと思います。その代わりに「話し合う／ファシリテーション」という体験をデザインし、ゆたかな議論を実現したいと思います。

きっかけとして、チーム数名で会議室に缶詰になって企画を考える会議が行き詰まっている状況をイメージしてみます。誰も発言せず頭を抱え、重苦しい雰囲気に陥った会議室。一刻も早く逃げ出したい状況ですよね。不安、疲れ、飽き。真っ先に応用すべきは「驚きのデザイン」らしいことはわかります。

それにしてもなぜ、みな押し黙るのでしょう？　たいていの場合、発言しにくいのは、よいアイデアが出ないから。根っこにあるのは「よいことを言わねばならない」という思い込みで、これこそが問題の核です。

思い込み……これぞ驚きのデザインに必須となるもの、エネルギーを生む源ですから、利用しない手はありません。そこで、こんなアプローチをとってみたいと思います。

「よい企画」ではなく「ダメな企画」について語れ

沈んだ空気の中で企画について議論を続けていると、自然と「性能がよい」「安い」「売れ線」といった保守的で創造性を欠いたアイデアへと偏っていきます。しかし、こんな当たり前の話、わざわざチームで議論するような内容ではありませんよね。そんなつまらない議論の元凶となっている「前向きで建設的なことを言わねばならない」という暗黙のルールを壊すことで、議論に自由さを取り戻したいのですね。

チームでの議論で必要なのは、チームを制約する鎖を断ち切り、チームが自由闊達に語りだす空気を生み出すことに他なりません。みずからがよい意見を出して優位に立とうとするファシリテーターは二流です。そうは思いませんか？

さて。自由な空気の中で議論を進められれば、やがてチームは「自分たちって、こういうチームだよね」というチーム自体の特徴を発見し、チームとしての自分たちの個性に気づきはじめるはずです。

この流れは「応用1　考える／企画」と同じです。議論を続けることができたからこそ、直感の体験を生み出すための素材がそろってきました。直感のデザインのチャンスです。

チームの自己認識を「自分たちっぽいこと」として語れ

シンプルに言えば「このチームらしさ」をチームで共有したいんですね。たとえば、こんな発言が必要となります。

「このチームって、○○なメンバーばっかりだなぁ」

「この付箋の内容って、このチームを象徴する感じするなぁ」

「うちらのチームに名前をつけるなら、○○って言葉は外せない感じがするなぁ」

チームらしさを基準に設けることで、「うちらっぽい！」「わかる！」「あるある！」と共感できる発言を増やすことが目的です。

何を言えば共感してもらえるのかわからない、何を言えばいいんだろう？　とおびえている状態では、議論は盛り上がらないでしょう。逆に言えば、こういうことを言えばよろこんでもらえるはず！　という仮説を抱かせ、発言させ、当てさせて喜ばせることができれば、議論は盛り上がります。要は「仮説→試行→歓喜」という直感のデザインを場に施したいのです。

そんなことをしたら、内輪ネタばかりの閉じた議論にならないかと心配されるかもしれません。確かにその通りとも言えるのですが、こうも反論できます。内輪ネタすら話せない状態で、どうやって議論を盛り上げ、真に創造的な発言を引き出せるでしょう？

「よいことを言わねばならない」という思い込みを外すのも、「自分たちっぽいこと」を意識させるのも、直接的によい発言を生み出す効率的なアプローチではないかもしれません。しかし、そんな効率性を捨て去ることこそが、チームを和ませ、盛り上げ、ひいては遠回りした先に待っている創造的な発言を呼び込むことでしょう。

ところで、あらためて状況を振り返ってみると、今のところチームは自分たちの共通点ばかり掘り下げています。要は、話し合うべき内容という肝心のポイントをまだ掘り下げられていないのですね。ホワイトボードも付箋もメモも、あまりテーマに関係のなさそうなことばかりが並んでいる……このままではマズそうに思えます。

しかし、心配はご無用です。

会議の場には、一見すると話し合うテーマと関係のなさそうなことばかり。ところがその中に、実は話し合うテーマにとってきわめて重要なことが含まれていたと後から気づいたとしたら、どうでしょう？

「そういうことだったのか、実は話し合いの中でちゃんとこたえは出ていたんだ！」

なんて具合に、思わず語りだしたくなるでしょう。物語のデザイン・第1ステップ「翻弄」に含まれる「伏線」の手法を応用した、こんなアプローチが狙えます。

過去の発言を振り返り「実は深い意味が？」と提起せよ

メンバーが話した意見、それも一度は素通りされた主張に意義を見出し、伏線として成立させる。そんな物語を実現させるためのファシリテーション手法です。

さらには、このアプローチにはもうひとつ、本当に大切な意味があります。メンバーの過去の意見から重要性を見出すことで、そのメンバーをヒーローにできるんです。言うまでもなく、ファシリテーターにとって重要なのは、みずからがヒーローになることではなく、チームメンバーをヒーローにすることに他なりません。

＋

チーム全員で自由に議論し、チームのアイデンティティの下に集い、互いをヒーローにしながら難局を突破していく。

そんな強烈な意義が、本来は「話し合う／ファシリテーション」という体験には含まれているはずなのです。その意義を形にするために、体験デザインはきわめて有効です。

問題	重苦しい空気…　誰も何も言えない…

1. 「よい企画」ではなく「ダメな企画」について語れ
2. チームの自己認識を「自分たちっぽいこと」として語れ
3. 過去の発言を振り返り「実は深い意味が？」と提起せよ

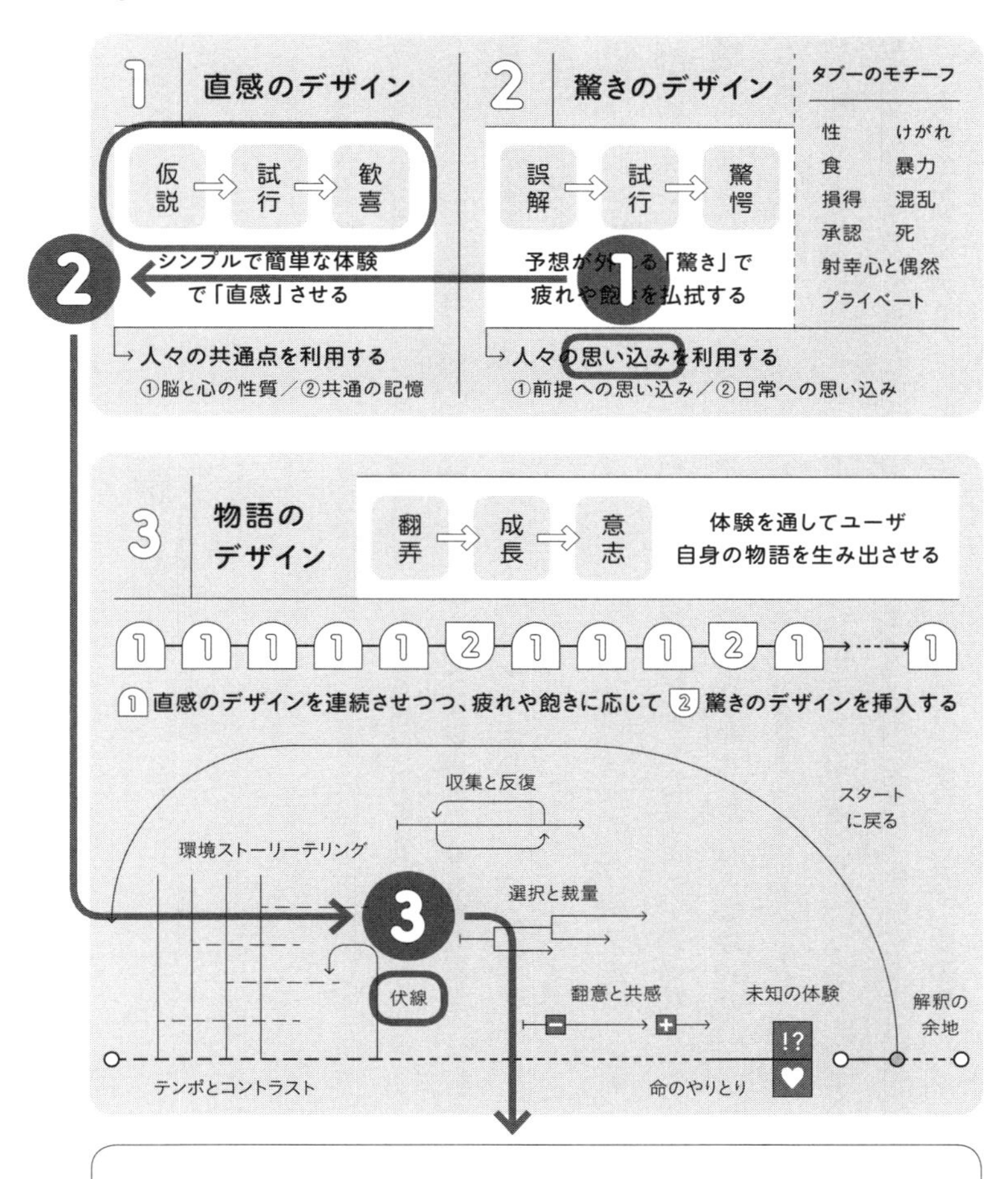

互いが互いをヒーローにしていく創造的な議論

応用

3

伝える／プレゼンテーション

チームで企画をまとめたら、いよいよ部署や会社全体へのプレゼンが待っています。

結論から言えば、プレゼンは体験デザインの応用対象としてうってつけです。なぜなら、聞き手はプレゼンターが提供する体験を全身で受け止めざるをえない状況にあるからです。体験デザインの本領発揮です。

一方で、悲しいことに、世につまらないプレゼンは絶えません。聞いているうちに一度でも興味を失ってしまったら後の祭り、プレゼンを最後まで聴き通すことは二度とできないでしょう。

逆に、プレゼンする側としても、プレゼン途中でよそ見されたり寝られたりしてしまったら……ショックですよね。

ポイントになるのは、いかにプレゼン中に集中力を絶やさないか。ではここで、逆に考えてみます。プレゼン中にいちばん集中力が落ちるのは、どんなタイミングでしょうか？

どれだけプレゼン内容がしっかりしていても、つまらないプレゼンはつまらないものです。言い換えれば、内容は問題ではありません。第3章でご紹介した物語論を引用すれば、大切なのは物語内容（何を語るか）ではなく、物語言説（どう語るか）です。

ここで思い出していただきたいのは、直感のデザインです。「右に行くんじゃないかな？」という仮説を立てさせることができれば、その仮説を確かめるまでプレイヤーの興味を引くことができます。

つまり、プレゼンで集中力が落ちるのは「話の流れが予想ができなくなったとき」なのです。では、ここであらためて質問です。プレゼンで先が読めなくなるタイミングとは、いったいいつでしょうか？　そんな考えから生まれるアプローチが、こちらです。

接続詞などで次のスライドの内容を予告してから進め

話の流れがプツリと切れてしまうスライドとスライドの間こそが、聞き手の集中力が落ちてしまう最大の難関です。どうやってスライド間の文脈をつなぐのか。もっと具体的に言えば、どうやって「次のスライドを予告するか」を考えねばなりません。

次のスライドを予告する方法として、以下をあげます。ちなみに、以下にあげる手法は、（もうお気づきかもしれませんが）この本の第1〜3章で実際に利用した手法です。「妙な書きかたの本だなぁ」と感じられていたかもしれません、すいません。

・疑問を投げかける
・話をあえて思わせぶりに途中で切る
・話を終えて、まとめに入ると告げる

そしてもうひとつ、もっとも手軽な予告の手段として、接続詞があります。左のページに接続詞の一覧をまとめましたので、ご覧いただきながら話を進めましょう。

接続詞は数ありますが、ひとつを除いてすべて次のスライドの内容を予告する力を持っています。たとえば……

ほら。みなさんは「たとえば」という接続詞が目に飛び込んできた瞬間、無意識に「次は具体例の話がくるのだな?」と予想したはずです。スライドをめくる前に、次のスライドとの文脈を示す接続詞を言う。接続詞を言ってから、スライドをめくる。それだけでプレゼンは一気に引き込む力を増します。

しかし、ひとつだけ、聞き手に未来をイメージさせる力を持たない接続詞がある点にご注意ください。その接続詞は、「つぎに(序列)」です。つぎに……

ほら。やっぱり「つぎに」という接続詞は、次に来る内容を想像させてくれませんよね。「つぎに」を封印するだけでも、プレゼンは聞きやすくなるはずです。

予想させ、当てさせることで聞き手の興味を持続させる。この本の第1章で論じた「直感のデザイン」そのものですね。

しかし、これもこの本の第2章で論じたとおりなんですが、繰り返しはやがて疲れや飽きを生んでしまいます。

そこで駆り出したいのは……もうおわかりですね、驚きのデザインです。あえて予想を外し、聞き手の注意を引くために、こんなアプローチが有効です。

定期的にタブーのモチーフを挟み込め／黙り込め

プレゼンターはプレゼン内容を最後まで聞いてもらうことに絶対の責任を負っています。そのためには、聞き手の注意を引くことも仕事のうち。ここはひとつプロ意識を持って、タブーのモチーフを挿入してみてください。

懸命にプレゼンを聞こうとしている聞き手を助けると思って、以下のモチーフを話の端々に意識的に差し込んでみましょう。

性／食／損得／承認
けがれ／暴力／混乱／死
射幸心と偶然／プライベート

とくに効果があるのが、黙ること。プレゼンの大前提である「プレゼンターは話すものだ」という思い込みを覆すことで、一気に注

論理	順接	だから（帰結） そこで（対応） すると（推移） ならば（仮定）
	逆接	しかし（齟齬） にもかかわらず（抵抗） とはいえ（制限）
整理	並列	また（添加） さらに（累加） かつ（共存）
	対比	対して（対立） 一方（他面） 反面（反対） または（選択）
	列挙	第一に（番号） 最初に（順序） つぎに（序列）
理解	換言	すなわち（加工） むしろ（代替）
	例示	たとえば（挙列） じつは（例証） とくに（特立）
	補足	なぜなら（理由） なお（付加）
展開	転換	ところで（移行） では（本題） そもそも（回帰）
	結論	このように（帰結） というわけで（終結） いずれにしても（不変） ともかく（無効）

接続詞の分類

『「接続詞」の技術』（2016、石黒圭）より

目を集められます。

　とはいえ、急に「タブーのモチーフを入れろ」「黙れ」と言われても、なかなか気が進まない方もいらっしゃることでしょう。そんな方は、タブーのモチーフや「予想を当てる／外す」という体験デザインの基本構造を意識しながら、有名なプレゼンターのプレゼンを見てみてください。きっとプレゼンターの意図が読み取りやすいはずですし、その真似もできそうな気がしてくるはずです。


　予想を当てさせ、外させて、なんとかプレゼンも最終盤まで聞き手を導けたら、ゴールはもうすぐそこです。

　ここで、とどめにもうひとつ、体験デザインを施したいと思います。プレゼンという体験をくぐり抜けたことで、聞き手が成長したことを実感させるための体験デザインです。

プレゼン冒頭のスライドを最後にもう一度示せ

プレゼンを聞く前には理解できなかったことが、プレゼンを聞いた後には理解できるようになっている。そんな成長の実感を聞き手に与えたいんですね。

　メインの主張・問い・全体のまとめなどを冒頭に示し、プレゼンによって内容を理解してもらった後、再提示すればいいだけです。

十

　話の先が読めて、疲れや飽きを感じずに最後まで聞けて、成長した実感が得られる。

　プレゼンは体験デザインの活用対象にうってつけだということ、少しでもご理解いただけたら、うれしいです。

問題	聞き手の集中力が落ちてしまう…

1. 接続詞などで次のスライドの内容を予告してから進め
2. 定期的にタブーのモチーフを挟み込め／黙り込め
3. プレゼン冒頭のスライドを最後にもう一度示せ

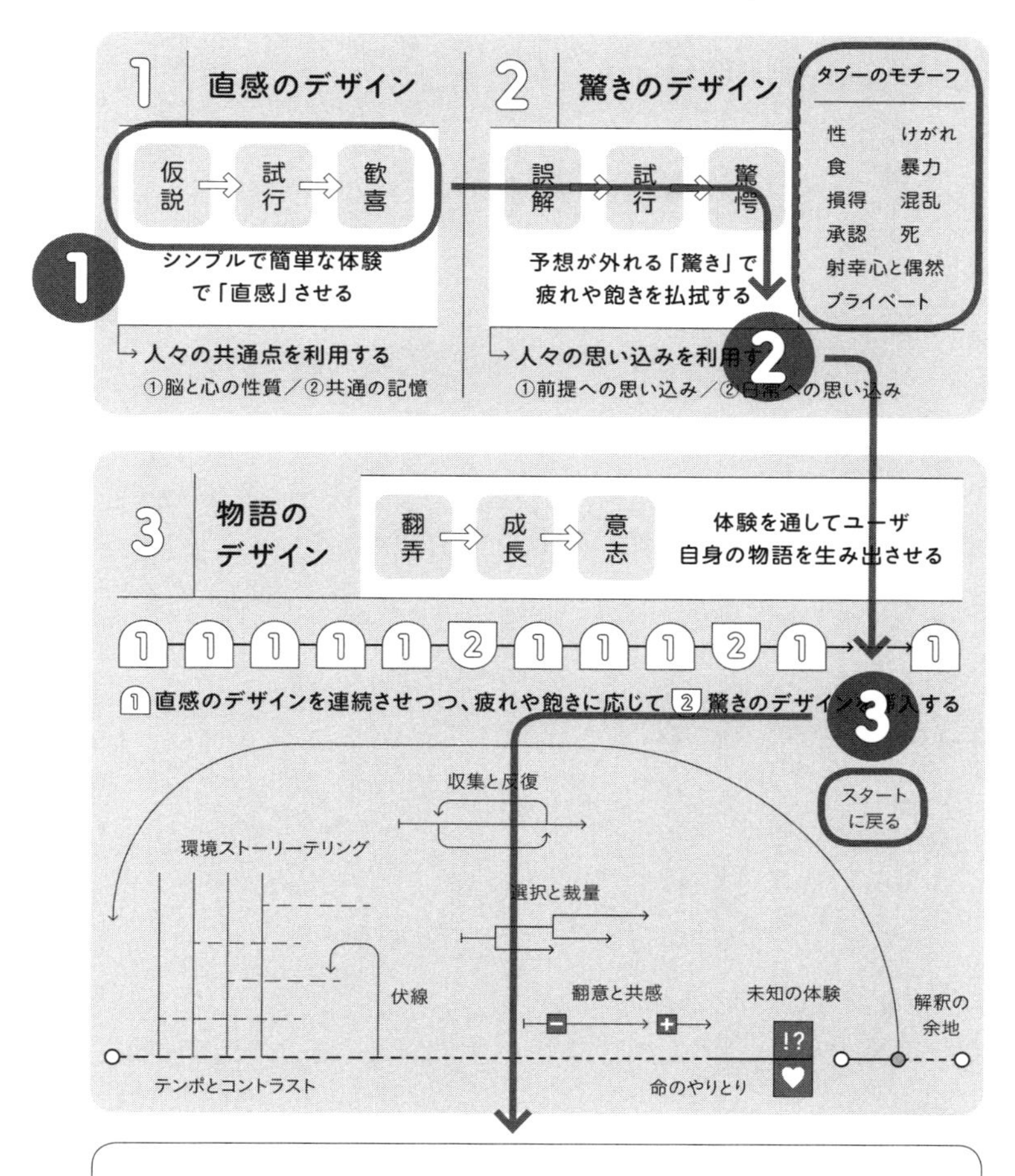

応用

設計する／プロダクトデザイン

無事にプレゼンが成功したら……ここからが本番、プロダクトデザインです。

何せ相手は話がわかる社内の人ではなく、日本中・世界中に散らばる無数の一般ユーザ。それぞれまったくちがうユーザたちに使ってもらえるプロダクトを実現するためにも、体験デザインを駆使しましょう。

ところで、本書第1章では、スーパーマリオ冒頭の画面デザインについて論じました。日本中・世界中のユーザに、ゲームのルールを伝える巧みなデザインについて議論しましたが……こう感じられた方がいらっしゃったら、するどいです。

「これって、はじめて遊ぶときにしか効果ないよね？」

スーパーマリオ冒頭のデザインは、確かに「右へ行く」ことを伝えることに成功しています。プロダクトをはじめて使うユーザに向けたデザインだ、といえますね。

一方で、すでに右に行くことを知っている2回目のプレイ以降のユーザから見ると、このデザインはもはや効果を持ちません。

ここで、みなさんに質問です。あるプロダクトをはじめて使うユーザと、2回目以降のユーザ。大切なのはどちらでしょう？　私の結論は、こうです。

はじめて使うユーザを優先し シンプルで簡単にせよ

私たちの心・脳は、心理学が初頭効果とよぶ性質を持っていて、一連の体験の冒頭となるタイミングで学習能力が最大に高まります。要は、はじめて使用したときこそ、もっとも情報伝達の効率が高まるんですね。「はじめて」は、人生に一度しかないもっとも効率的に学習できるチャンスですから、体験デザイナーとして見逃すわけにはいきません。

そもそも、ユーザが初回使用をうまくくぐりぬけられなければ、2回目はありません。

さらには、2回目に使用するときに「初回使用時に学んだこと」を忘れてしまうユーザも確実に存在します。

いつだってデザイナーが意識すべきは「プロダクトに不慣れで、とりたてて情熱も持っていない一般的なユーザ」なんです。

開発者というものは、プロダクトについて思い入れがあるもの。そんな思い入れが高じると、プロダクトを深く理解し愛するユーザ向けに設計してしまい、結果的についうっかり一般的なユーザを置き去りにしてしまいがちになります。これでは、プロダクトを数多くの人々に使ってもらえません。

いかにプロダクトをシンプルで簡単なものに保ち、はじめて使用するユーザにも直感的に使えるものにするか。常に頭の中に掲げておきたい指標です。

もうひとつ、開発者がつい陥ってしまう心理をあげます。プロダクトへの思い入れが過ぎて「このプロダクトを、延々と使ってほしい」と願ってしまう、という心理です。

その結果、複雑な機能や過度な演出をてんこ盛りにしてしまいますが……結果できあがるのは、ごちゃごちゃして難しくて、触れたくもなければ身近にも置きたくない、開発者のエゴにまみれたプロダクトです。

ユーザにとって大切なのは、プロダクトではなくユーザ自身の人生です。ユーザの人生こそが主役であって、プロダクトはあくまで主役を引き立てる脇役であるべきです。

ところで。本書第2章では、体験から疲れと飽きを取り除き、長い体験を実現する「驚きのデザイン」について論じました。ゲームにハマるように、体験に夢中になってもらうための基礎として活用できる内容です。

しかし。「ユーザの人生を邪魔しない」という文脈においては、驚きのデザインはむしろ問題となってしまう場合があります。ただでさえ忙しいユーザから長い時間を奪うことで、ユーザの人生のクオリティを下げてしまってはいけませんよね。

ここで必要となるのは、驚きのデザインの原理や効果を理解したうえで、あえて体験を止めさせる体験デザインです。

日常に戻る演出でユーザをプロダクトから引き離せ

忙しい日常の中で、長時間利用させること

自体が土台無理な話になり、スキマの時間で十分満足に至れる体験が逆に求められるようになりました。だからこそ、とくにスマートフォンのアプリケーションやゲーム、サービス設計の分野において、体験を止めさせるデザインが求められています。

といっても、何も「技術が発達したから、プロダクトからユーザを引き離す体験デザインが必要だ」と主張したいわけでありません。むしろ逆で、技術にかかわらずどんな時代のコンテンツにも、必ずと言っていいほど「ユーザに体験を止めさせるデザイン」が顕著に見てとれます。

たとえば、ひと昔前のアニメのエンディング。ほっとするテーマ曲に乗せて、夕陽の土手を歩いて帰るようなおだやかなエンディングが描かれることが多いのは、なぜでしょう？

こたえは「この体験は終わりですよ」と伝えようとしているから。熱中してアニメを見ている子どもたちは、そもそもアニメを見るという体験を続けたいと願うもの。そんな子どもたちが気分よく見終えられるように、体験のおわりをデザインしています。

具体的には、体験を止めさせたい前後で驚きのデザインを使わない、というデザインをすることになります。驚きのデザインを使うことで体験を長くできる……その逆ですね。

と、ここまで「体験を止めさせる」というお話を続けてきましたが、デザイナーとしてはユーザが再び戻ってきてくれるかどうか、やはり不安になるかもしれません。

しかし、その不安はデザイナーのエゴでしかありません。プロダクトは、あくまでユーザの人生をゆたかにする脇役に過ぎませんから、プロダクトを使うも使わないも、すべてユーザの自由です。

とはいえ、デザイナーはユーザの体験に対して暗にメッセージを送ることができます。ユーザが根本的に自由であることさえ守っていれば、ユーザが満足するよう暗に体験をあやつろうと画策する自由も、デザイナーは持っています。

最後のアプローチは、よりストレートにユーザの自由をデザインするものです。

ズルをする選択肢を提示しユーザに自由を与えよ

たとえばスーパーマリオには「ワープゾーン」とよばれるゲームの途中を飛ばす機能があります。端的に言えば、ズルです。ユーザにズルをする／しないという選択肢を与えるという体験をデザインしているわけです。

この体験デザインは、ユーザが体験するたびに「今の自分はどちらを選択するか」を迫りますし、ユーザはみずからの考えで選択するたびに成長の実感が得られます。

ユーザを自由にしているからこそ、使えば使うほど成長したと感じさせられるのです。そんな自由こそが、ユーザに再びプロダクトを手に取らせる力を持ちます。

†

ユーザはいつプロダクトを使っても使いかたが直感的にわかるし、いつ止めてもいいし、ズルすら許されます。プロダクトデザインとは、いわばユーザの自由をデザインすることなのかもしれません。

問題	様々なユーザに使ってもらえるか？

1. はじめて使うユーザを優先しシンプルで簡単にせよ
2. 日常に戻る演出でユーザをプロダクトから引き離せ
3. ズルをする選択肢を提示しユーザに自由を与えよ

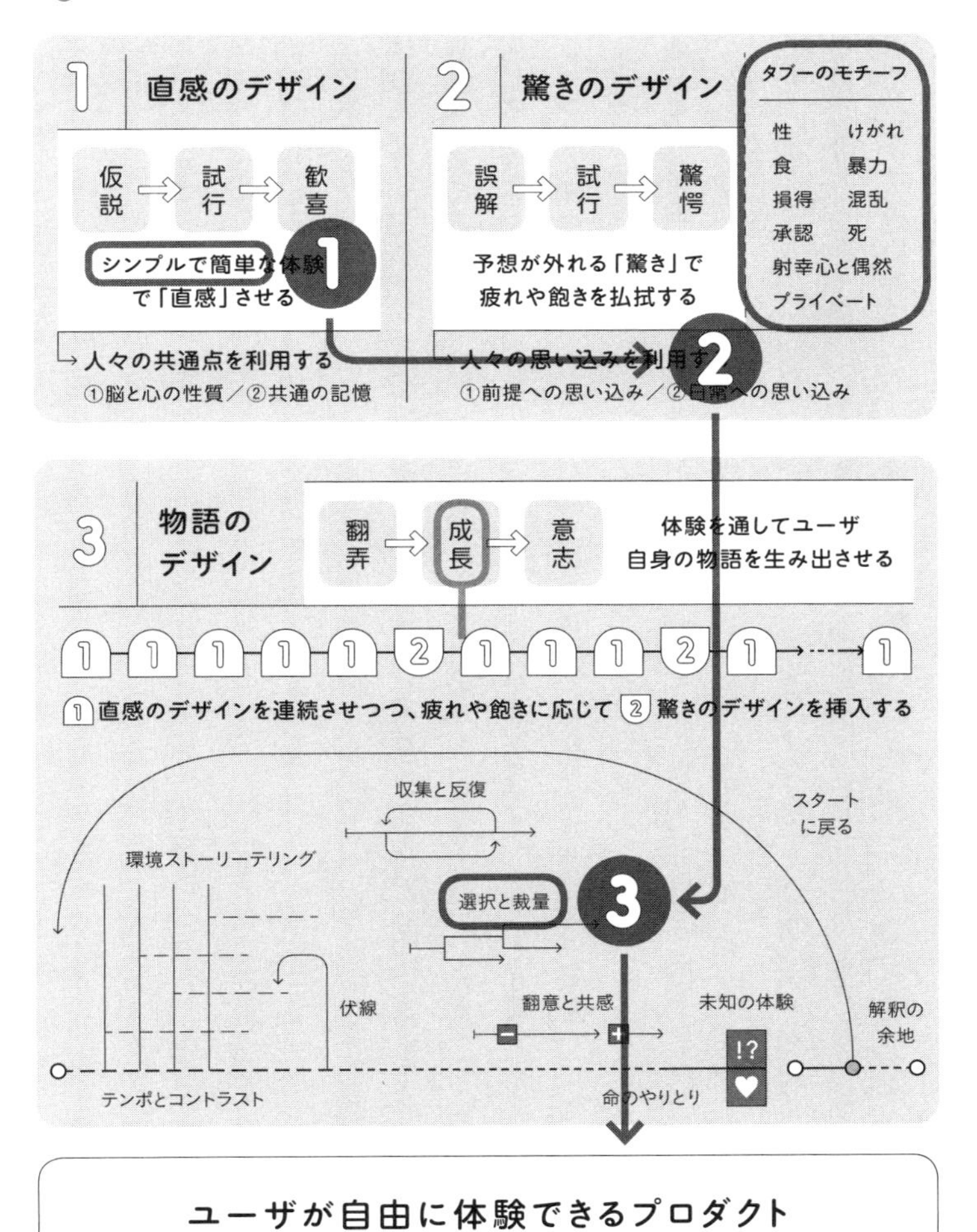

ユーザが自由に体験できるプロダクト

応用

5

育てる／マネジメント

企画を考え、話し合い、プレゼンし、プロダクトをデザインして……ユーザにゆたかな体験を提供するためとはいえ、さすがにタフな仕事です。無数の困難を乗り越えるためには、チームを率いる人間によるマネジメントは欠かせません。チームメンバーそれぞれが成長するために、マネージャーはどうすればいいのか……この本の最後に、この問題について考えましょう。

しかしここで、ちょっと別な切り口から議論を展開させてください。お話ししたいのは、子育てについてです。

†

筆者には幼稚園に通う2人の子どもがいます。目に入れても痛くないとまではいいませんが、本当にかわいいものです。しかし子育ては難しいもので、なかなか言うことを聞いてくれません。

たとえば、こんな風に。

片づけない
歯みがきしない
本を読んでも聞かない

子どもだから仕方がないのかもしれませんが、ここであきらめきれないのが体験デザインを仕事にしている者の性分です。

子どもたちには悪意はありません。それは我が子ですから、100%信じられます。となれば、悪いのは僕の命令や指示、ということになります。

「片づけなさい」

「歯磨きしなさい」

「お話を聞きなさい」

そもそも、命令ひとつで子どもを動かそうとしていること自体、甘かったのです。子どもたちがみずからの意志で動き出すためには、親側からのアプローチを改めなければなりませんし、そこにきっと体験デザインが使えるはずなのですが……。

そんなことを考えながら試行錯誤してみた結果、以下の対応策によって子どもたちは率先して動いてくれるようになりました。

「これ、どこに置けばいい?」と訊ねる

歯ブラシの柄の方で磨いてみせる

「知らなかった!」と感心しながら読む

理屈はこうです。

十

「お片づけしなさい」と言われた子どもたちは、決して悪意で「片づけるのが面倒だ」なんて思っていません。いや、実際には少しは思っているのかもしれませんが、そう思うにも理由があります。

どこに片づければいいかわからなかったの

です。その証拠に、子どもたちのお片づけを観察すると、大人から見ればどれも同じように見えるおもちゃも「お片づけをはじめたときに真っ先に所定の場所へ片づけるおもちゃ」と「いつまでたっても片づけられないおもちゃ」、ふたつのグループに分けられることに気づきました。

要は、大切なのはおもちゃを片づけるべき場所を記憶しているかどうかという一点だったのです。「お買い物ごっこのおもちゃは、部屋の入り口脇の木の棚の2段めに片づければ、親は満足する」と具体的に想起できるかどうかがポイントなんですね。

片づけられないのは、決して本人のやる気ではなく「場所の記憶がない」ことが原因だったわけです。

だからこそ、親の私がすべきことは、片づけるべき場所をたずねることでした。

もし片づける場所を知っていれば、「木の棚の2段めだよ！」と言いながら片づけてくれます。

一方、もし場所を思い出せなければ、「おままごとに使う他のおもちゃは、木の棚に片づけてるんだよね？」なんて風にヒントを出せばいいのですね。

†

「歯磨きしなさい」と言われた子どもたちは、何をすればいいかおおよそ想像がついていますし、実際やる気があるときは、勝手にひとりでやってしまいます。

しかし、あまりに毎日同じ作業が続きますし、効果も感じられないため、完全に飽きてしまっています。問題は「効果が感じられない」ことと「飽きている」こと。これらを解決するためには、誤った方法で歯みがきし、普段の歯みがきの効果を実感することが必要だと考えられました。

そこで試してみたアプローチが、毛のない柄の部分で歯を磨いてみせることでした。

子どもたちはよろこんで柄の部分に歯磨き粉をつけ、口の中でカチャカチャ音を立てながら「まちがってる!」とひとしきりよろこんだあと、ちゃんと歯磨きしてくれました。

†

「本のお話を聞きなさい」と言われても聞けなかった子どもたちですが、いくら言っても改善できなかったので、その日は諦めて後日あらためて理由を訊ねてみました。すると、ドキッとするこたえが返ってきました。

「おとうさん、あの本の中身を知ってるからつまんない」

あまりに鋭い指摘に押し黙ってしまった僕でした。子どもにはわかっていたのです、僕自身が「この本を読むのは3度目だな……」と内心つまらなく読んでいたことが。

裏を返せば、子どもは僕がよろこぶことを、よろこんでくれていたのです。そんなことにすら気づけていなかったことに愕然としたことを、いまだに苦々しく思い出します。

その日から、僕自身が読んだことのない本や知らないことが書いてある図鑑などを準備して、「へえ!」「おもしろいなぁ!」と感心しながら読むことに努めました。

その結果、子どもたちはよろこんで話を聞いてくれるようになりましたし、僕自身も楽しんで本を読めるようになりました。

おかげで我が家は毎週のように図書館に通うハメになりましたが、子どもがよろこんで本の話を聞いてくれるなら、楽なものです。

†

タスクを具体的な固有名詞で想起できるか確認せよ

わざとまちがってみせよ／まちがいを体験させよ

教える側と教えられる側がいっしょに未知の体験をせよ

僕自身、子育てという長い長いプロジェクトの中ですっかり混乱し、疲れ、意義を見失っていたのだと思います。しかし、思い返せばそもそものところでまちがっていたのかもしれません。僕は親として「子どもが立派に正しく振る舞う」という結果だけを求めてしまっていました。

本当は、親としてふるまいながらも、同時に親としてのふるまいを学ぶべきでした。子は子として、親は親としてそれぞれ成長するからこそ、親子で暮らすという一連の体験はゆたかになるはずなのに。


マネジメントだって、同じことです。子どもも親も、マネジメントされる側もする側も、それぞれが気づき、驚き、意義を探しながら人生を体験していく主体であることに、何ら変わりありませんから。

問題	チームが成長していくには?

1. タスクを具体的な固有名詞で想起できるか確認せよ
2. わざとまちがってみせよ／まちがいを体験させよ
3. 教える側と教えられる側がいっしょに未知の体験をせよ

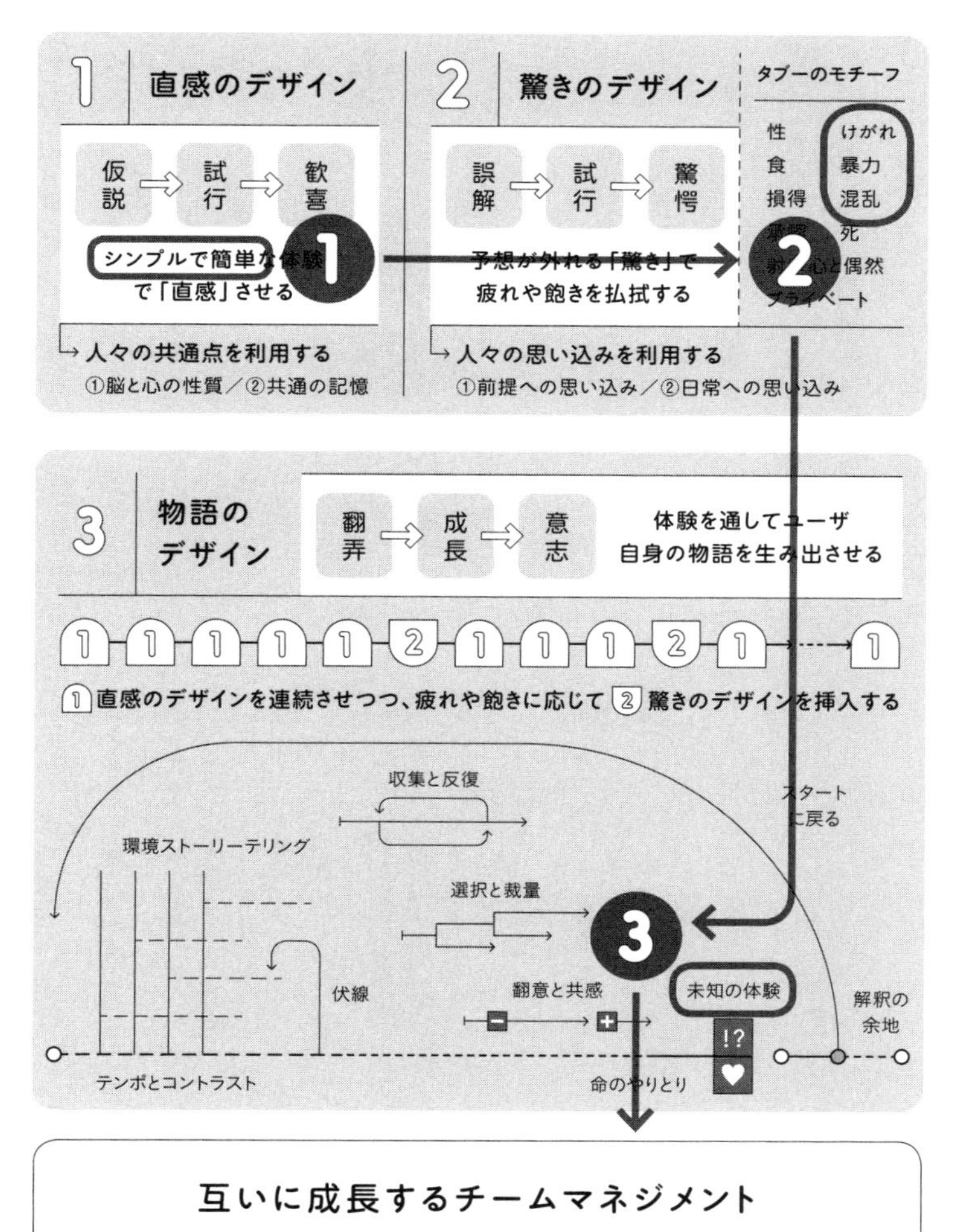

おわりに

この本を体験していただいて、ここまでたどりついていただいて、本当にありがとうございます！

この本に収録できた内容は、ゲームにおける体験デザインの知恵のごくわずか、ほんの一握りでしかありません。残りはぜひご自身でゲームを遊んでみていただいて、「自分は何をおもしろく感じるのか、どんな体験がそう感じさせているのか」を観察し、感じ取って、発見していただければと思います。

執筆作業を励ましてくださった吉沢康弘さん、山口高広さん、橋本咲子さん、櫻井亮さん、香川篤史さん、高橋巧さん、森佳正さん、森花子さん、石村尚也さん、坂西優さんに感謝します。

筆者に体験デザインという考えかたの基礎を教えてくださった

P.6「鼻とピース」回答例
①「指を入れられそうだ」というアフォーダンス ②鼻に指を入れるというタブー ③鼻とピースの置かれた状況を無意識に物語ってしまう脳の本能

この本は当初、6倍ほどの量がありました。泣く泣く削った内容や参考情報は、筆者のホームページなど（できれば次の本で）でお伝えしていきますので、ご期待くださいませ。

任天堂株式会社のみなさんに感謝します。とくに、元任天堂株式会社技術フェロー・竹田玄洋さんと、元任天堂株式会社代表取締役社長・岩田聡さんには、いくら感謝しても足りません。遊びを通して人間を見つめる眼差しの眩しさを、今も思い出します。

ゲームの体験デザインをビジネスに応用するという奇妙なテーマを受け止めてくださったダイヤモンド社・和田史子さんに感謝します。この本の最初の読者である妻と、最初の実験台であるふたりの娘にも、特別な感謝を捧げます。

最後に、今までの僕の人生を彩ってくれたすべてのゲーム、コンテンツ、プロダクトをデザインされたみなさまに感謝します。

みなさんがくれた思い出が、僕を生かしてくれています。

玉樹　真一郎

この本はいったんここで終わりですが、この後ももう少しだけ続きます。参考文献やゲームのご案内をさせてください。

この本は、著者と編集者さんと本のデザイナーさんがチームとなり、体験デザインの考えかたを応用しながらつくりました。もしこの本をもう一度読むことがあったなら（みな喜びます）、「なぜこの本は、こんなデザインなのか？」と考えながら読んでいただくと、体験デザインそのものの理解にきっとプラスになると思います。ポイントをいくつかあげますね。

〈直感のデザイン〉

□この本は基本の構造として、見開き右ページに本文、左ページに図を配置しています。普通の本に比べて本文の量がほぼ半分になっているわけですが、そんな配置がどんな効果を生んでいるでしょうか？

□この本は、ページをめくるタイミングで、次のページにどんな内容が来るかについて予想をさせようとしています。ページをめくる前、あなたの脳が何を予想してたか、観察してみてください。ちなみに、カバーにも同様のデザインがあります。

□この本は、直感するという体験の動力源として、「共通点を考えさせる」デザインを多用しています。おなじページの中で共通点を探していただくこともあれば、離れた複数のページに共通点が隠されていることもあります。さらには、本文と図の共通点、デザイン上の共通点も。「共通点」というキーワードを思い浮かべながらお読みいただくと、新しく気づいていただけることがあるかもしれません。

〈驚きのデザイン〉

□この本は、右に本文・左に図という基本的なルールを何度か意図的に崩しています。どんな意図で、どんな効果を期待して基本的なルールを崩しているのか、推測してみてください。

□この本は、わざわざ口汚い主張をしたり、下らない例をあげたり……あちこちにタブーのモチーフがちりばめられています。タブーのモチーフが登場する場所や頻度について考えながら読んでいただくと、よけいにその意味や効果を実感していただきやすくなるはずです。

□この本は、なぜ「ぱふぱふ」なんていう変化球のテーマを採用したのでしょう？　驚きのデザインの原動力になる「思い込み」をキーワードに、読み解いてみてください。

〈物語のデザイン〉

□この本は、物語のデザインに含まれるモチーフを多用していますが、特によく使っているのが「伏線」です。探していただくだけでもおもしろいかと思いますが、「伏線に気づいた時の気持ち」について、あなたの心を観察して感じていただくことがもっとも効果的かもしれません。

□この本は、読むという体験を通じて、あなたに「自分は変わった、成長した」と感じてもらえるようなデザインが仕込まれています（あなたに成長を感じていただければ、本望です）。どんなデザインが成長を実感させようとしているでしょう？

□この本は、1ページ目から、あなたがいま読んでいるこの見開き（316〜317ページ）まで、意図のないページはありません。たとえば、この見開きページのデザインは、何を意図しているでしょう？

さいごのさいごに、ひとつだけ。この本を再読していただく必要は、率直に言って、ありません。体験デザインという考え方を意識していただくだけでOKです。お好きなコンテンツを見たり、趣味に励んだり、働いたり生活したり……そんな日常という体験の中に潜んでいる「つい」を探してみていただくだけで、十分に意味があります。たいせつなのは、あなた自身の体験です。

CONTINUE?

［著者］
玉樹真一郎（たまき・しんいちろう）
わかる事務所代表
1977年生まれ。東京工業大学・北陸先端科学技術大学院大学卒。プログラマーとして任天堂に就職後、プランナーに転身。全世界で1億台を売り上げた「Wii」の企画担当として、最も初期のコンセプトワークから、ハードウェア・ソフトウェア・ネットワークサービスの企画・開発すべてに横断的に関わり「Wiiのエバンジェリスト（伝道師）」「Wiiのプレゼンを最も数多くした男」と呼ばれる。2010年任天堂を退社。
同年、青森県八戸市にUターンして独立・起業、「わかる事務所」を設立。全国の企業や自治体などで、コンセプト立案、効果的なプレゼン手法、デザイン等をテーマとしたセミナー、講演、ワークショップ、プレゼン等を年60回以上おこなうほか、コンサルティング、ウェブサービスやアプリケーションの開発等を行いながら、人材育成・地域活性化にも取り組む。
2011年5月より特定非営利活動法人プラットフォームあおもりフェロー。2014年4月より八戸学院大学・地域経営学部特任教授。2017年4月より三沢市まちづくりアドバイザー。
著書に『コンセプトのつくりかた』（ダイヤモンド社）がある。

「ついやってしまう」体験のつくりかた――人を動かす「直感・驚き・物語」のしくみ

2019年8月7日　第1刷発行
2019年8月29日　第2刷発行

著　者――玉樹真一郎
発行所――ダイヤモンド社
〒150-8409　東京都渋谷区神宮前6-12-17
http://www.diamond.co.jp/
電話／03･5778･7236（編集）　03･5778･7240（販売）
装丁･本文デザイン－三森健太（JUNGLE）
本文イラスト－玉樹真一郎
本文DTP――三森健太、ダイヤモンド・グラフィック社
校正――――ヴェリタ
編集協力――石川 円
製作進行――ダイヤモンド・グラフィック社
印刷――――勇進印刷（本文）・新藤慶昌堂（カバー）
製本――――ブックアート
編集担当――和田史子

ISBN 978-4-478-10616-7

ゲーム、ゲーム機のイラスト(出典)

スーパーマリオブラザーズ(任天堂、1985)
ゼルダの伝説 時のオカリナ(任天堂、1998)
ドラゴンクエスト(エニックス、1986)
ドラゴンクエストIII(エニックス、1988)
ドラゴンクエストV(エニックス、1992)
The Last of Us Remastered(Sony Interactive Entertainment、2014)
風ノ旅ビト(Sony Interactive Entertainment、2012)
ポケットモンスター(任天堂、1996)
テトリス(任天堂、1989)
ファミリーコンピュータ(任天堂、1983)

E
N
D

巻末 2 体験デザインをより深く学ぶための参考資料

第1章　直感のデザイン

スーパーマリオのデザイナー、宮本茂さん（任天堂株式会社 代表取締役 フェロー）は、スーパーマリオをつくるとき「いちばんわかりやすいゲームを」と考えたそうです（「DIGITAL CONTENT EXPO 2009」講演『宮本茂の仕事史』より。https://nlab.itmedia.co.jp/games/articles/0910/27/news082_2.html）。

心理学・認知科学・脳神経科学・行動経済学・デザインといった学問領域が、「わかる」ことへの手がかりを無数に提示してくれています。以下、おすすめの書籍や読み物、さらには体験デザインを考える際に有効なゲームの事例をあげます。

（手に取りやすいものを選んであります）

本　『誰のためのデザイン？ 増補・改訂版 ―― 認知科学者のデザイン原論』
（新曜社、D・A・ノーマン、岡本明［訳］、安村通晃［訳］、伊賀聡一郎［訳］、野島久雄［訳］、2015）

認知心理学の専門用語であった「アフォーダンス」をデザインの領域に広めた一冊。読みやすく、かつ楽しく、たくさんの事例とともにデザインとアフォーダンスの関係を学べます。アフォーダンスという概念が世に広がったことで新たに生まれた議論を加筆した増補・改訂版を手にとっていただければと思います。

本　『新版 アフォーダンス』（岩波書店、佐々木正人、2015）

ギブソンが提唱したアフォーダンスという概念を基礎から学べる一冊。人間の認知について、視覚をきっかけにして脳、心と展開していく様子がコンパクトにまとめられています。著者・佐々木正人さんは日本におけるアフォーダンス研究の第一人者で、佐々木さんを軸にして何冊か読んでみるとアフォーダンスを多面的に理解できるでしょう。さらに原典にあたりたければ、ギブソン本人が著した『生態学的視覚論 ――ヒトの知覚世界を探る』（J.J.ギブソン、古崎敬 ほか［訳］、1986）もあります。

本　『ファスト＆スロー』（早川書房、ダニエル・カーネマン、村井章子［訳］、2014）

ノーベル経済学賞を受賞し、行動経済学を世に知らしめた著者のエッセンスが凝縮された一冊（上下巻ですが）。この本を読むと、私たちがいかに非合理的にものごとを考え判断しているか、ありありとわかります。行動経済学や認知科学を学ぶとき、この本を避けて通るわけにはいきません。ちなみに、もう一冊と言われたら『予想どおりに不合理』（早川書房、ダン・アリエリー、熊谷淳子［訳］、2013）をあげます。こちらは上下巻ではなく一冊で行動経済学のおもしろさを味わえます。

本　『「わかる」とはどういうことか ―― 認識の脳科学』（筑摩書房、山鳥重、2002）

脳神経学者・臨床医である著者が、文字通り「わかる」という体験について論じた一冊。「わかる」という体験を具体的に整理・分類していきながら、「わかる」という体験が

生命の根本であることを教えてくれます。同じ著者の『「気づく」とはどういうことか――こころと神経の科学』(筑摩書房、山鳥重、2018)もおすすめです。

本 『記号論への招待』(岩波書店、池上嘉彦、1984)

記号論とは、あるものごとを別の何かで表現することについて考える学問です。東京大学教養学部名誉教授であり記号論の大家である著者が、そんな記号論を新書に書きくだしてくれました。なぜ伝わるのか・伝わらないのかという問題を考えるきっかけとしても、たくさんの学問領域から引用される記号論のあらましを学ぶ入り口としても、最適な一冊です。

本 『グラフィック学習心理学 ―行動と認知』(サイエンス社、山内光哉、春木豊、2001)

学習心理学の標準的なテキストです。学習心理学が、その基礎となる「古典的条件づけ」「オペラント条件づけ」から幅広く展開していく様子を、図表を交えながら読みやすくまとめてあります。長年の研究に裏打ちされた数々の頑健な学習心理学の理論をひととおり学べます。なお、第1章で用いた「初頭効果」は、「新近性効果」(一連の体験の終わりに近い部分で記憶力が高まる)とあわせて「系列位置効果」とよばれています。

本 『ノンデザイナーズ・デザインブック 第4版』

(マイナビ出版、ロビン・ウィリアムズ、吉川典秀[訳]、小原司・米谷テツヤ[日本語版解説]、2016)

印刷物のデザインの本という体裁を取っている本ではありますが、実はデザインの基本について語ってくれています。読者が習得すべきは、コントラスト・反復・整列・近接という「デザインの4つの基本原則」。体験デザインのうえでも強力な武器となるデザインの基本原則を押さえるのにうってつけの本です。デザインは、美しいものをつくるだけの手続きでは決してありません。ちなみに、デザインを奥深く覗き込んでみたくなった方には、『意味論的転回』(エスアイビー・アクセス、クラウス・クリッペンドルフ、2009)をおすすめします。デザインの領域のみならず、デザイン思考や人間中心設計など、ビジネスとデザインの重なる場所でもきわめて重要とされる一冊です。

読み物 『社長が訊く』

https://www.nintendo.co.jp/corporate/links/index.html

2006年のWii発表時から2015年まで、当時の任天堂代表取締役社長・岩田聡さん(故人)が社内外のクリエイターにインタビューした記事です。ゲームという体験をデザインするときの心構えや具体的手法が垣間見える内容で、スーパーマリオ開発時の様子も語られています。体験デザイナーはこんなことを考えているのか……！　と感心していただける内容が盛りだくさんです。※恥ずかしながら、任天堂在籍時代の私もチラリと登場しています。

ゲーム 『スーパーマリオ64』(任天堂、1996)

技術の進歩により、平面的な2Dから立体的な3Dへ移行していきます。そんなタイミングでの最大の問題は「奥行き」をユーザに直感させることでした。平面的な絵に飛び

込むと立体的な空間が広がっているという演出は、そんな問題を解くデザインの好例です。3D空間を把握するためにゲーム内に存在している「カメラ」の性質も、オープニングアニメーションで見事に解決しています。素晴らしいデザインの枚挙に暇がないマスターピースな作品です。

ゲーム 『Wii Sports』(任天堂、2006)

「家庭用ゲーム機でもっとも売れたゲーム」の称号をスーパーマリオから奪った本作ですが、本作のデザインのすごさは、ソフトのみならず『Wii』というハードの設計とともに語らなければなりません。Wiiリモコンをラケットに見立てて振ればいいのかな？　と仮説を抱かせる段階で、すでにWiiリモコンの形状がきわめて重要な役割を果たしています。さらには、振るとWiiリモコンから音が出ることで、操作が正しかったことを気持ちよく伝えます。それができたのも、Wiiリモコンにスピーカーが搭載されているからです。ソフトとハードを総動員することで、事前に仮説を抱かせるのみならず事後に「仮説が正しかったことを伝える」直感のデザインに成功しています。

第2章　驚きのデザイン

ドラゴンクエストシリーズのデザイナー、堀井雄二さん(有限会社アーマープロジェクト代表取締役)は、RPGを誰にでも遊べるかたちで日本に導入するために、とんでもない手を打っています。ひとつめは、当時編集をしていた『週刊少年ジャンプ』誌上でRPGの解説を行ったこと。ふたつめは、RPGを遊ぶ際に避けて通れないコマンド入力に慣れてもらうため、『ポートピア連続殺人事件』というアドベンチャーゲームをつくったことです(『ファミコン神拳 奥義大全書 復刻の巻』スクウェア・エニックス、2011[非売品])。凄まじいまでの情熱に裏打ちされた巧妙なデザインですね。

本論でとりあげた「ぱふぱふ」も然りです。以下、驚かせる・感情を動かすことをテーマにして、脳神経科学・心理学・哲学・文学・経営学といった学問領域からおすすめの書籍をご紹介します。

本 『感情とはそもそも何なのか 現代科学で読み解く感情のしくみと障害』
(ミネルヴァ書房、2018、乾敏郎)

日本を代表する心理学者・脳科学者が、感情とは何かという本質的な疑問に切り込みます。その主張は、こうです。感覚を介して世界を理解する「知覚」も、筋肉や臓器を動かす「運動」も、脳は指示や命令をしているのではなく、未来を予測し誤差を修正しているだけだ、と。感情は、その予測誤差によって生まれるもの。脳神経科学に加え、確率論や情報理論を駆使し、脳の統一理論へと冒険を進めるこの本は、少々難しいところはありますが、まちがいなくおもしろい名著、必読です。

本 『ヒトはなぜ笑うのか ユーモアが存在する理由』(勁草書房、2015、マシュー・M・ハーレー、ダニエル・C・デネット、レジナルド・B・アダムズJr、片岡宏仁[訳])

哲学と心理学の側面から、私たち人間が笑う理由について網羅的にまとめた本です。

笑いも驚きの一種であるとする驚き理論、不一致解決理論、優位理論、遊戯理論など、笑いの根本原理を探求するこの本を読めば、お笑いのコンテンツを見る目が一気に変わることでしょう。

本　『恐怖の哲学　ホラーで人間を読む』(NHK出版、戸田山和久、2016)

科学哲学を専攻する筆者は言います。「人間は、怖さを楽しむことができる。ホラー映画という娯楽があることが証拠だ。ではなぜ、人間だけが恐怖を楽しめるのだろうか?」。実に魅力的なテーマ設定ですよね。生物学・脳神経科学・認知科学・心理学など無数の学問を縦断しながら、恐怖を起点として人間そのものを見つめ、哲学します。

本　『あなたの人生の科学』(早川書房、デイヴィッド・ブルックス、夏目大[訳]、2015)

私たちの人生は、いかに無意識に生み出される感情に支配されているか。『NYタイムス』でコラムニストをつとめる筆者が、ふたりの主人公の人生をていねいに描きながら解説してくれます。原題は『The Social Animal』。肉体を持ち、感情を持ち、しかも社会的に生きる動物であるのが、私たち人間です。そんな人間だからこそ、手を取り合って生きねばならないのかもしれません。科学的でありながら、あたたかでもある一冊です。

本　『子どもの宇宙』(岩波書店、河合隼雄、1987)

日本にユング心理学を導入し、文化庁長官も務めた筆者が描く子どもの心の中は、希望とにくしみ、秘密とファンタジーに満ちています。とくにご注目いただきたいのが、世界の神話・物語・昔話に登場するいたずら者「トリックスター」。破壊と創造の両面を抱え、周囲を驚かせ続けるトリックスター性とでもよぶべき性質は、きっと体験デザイナーにも必要なものではないかと思います。

本　『パラダイムの魔力』(日経BP社、ジョエル・バーカー、内田和成[序文]、仁平和夫[訳]、2014)

パラダイムとは「暮らしやビジネスはかくあるべき、こういうものだという思い込み」のこと。また、そんなパラダイムを破壊することをパラダイムシフトといいます。研究者でありながらコンサルタントでもある筆者が、人類の進歩に欠かせないパラダイムシフトの原理と方法を数多くの事例とともに紹介してくれます。パラダイムシフトもイノベーションも、一言で言えば、驚きです。

ゲーム　『バイオハザード』(カプコン、1996)

今や世界でもっとも有名なホラーゲームシリーズのひとつとなった本シリーズの1作目は、驚きと恐怖を考え尽くしたデザインの金字塔です。なぜゾンビはゆっくりと振り向くのか。なぜ「窓から犬が飛び込んでくるシーン」が人々の記憶に残るのか。なぜラジコンのような操作系を採用したのか。なぜ武器の弾数はおろか、セーブ回数すら制限しなければならないのか。個々のデザインもさることながら、直感のデザインと驚きのデザインのきめ細かな配置にも注目です。

ゲーム　『メタルギア』シリーズ(コナミ、1987〜)

ゲーム業界の最大のトリックスターといえば、世界的に有名なゲームデザイナー・小島秀夫さん。そんな小島さんの代表作であり、隠密行動をとりつつ目標を達成する「ステルスゲーム」というジャンルを確立するという圧倒的な功績も持つ名作です。時には笑いを、時には唖然とする不条理を、さらにはゲームの枠を飛び越えてまで、プレイヤーの予想を裏切り続けます(たとえば「ダンボール」「周波数」など)。シリーズを通して、ゲームが提供可能な体験を押し広げ続けています。

ゲーム 『桃太郎電鉄』シリーズ(コナミ、1988〜)

日本一の社長になるためにお金を奪い合う。いかにもケンカになりそうなゲームですが、にもかかわらず、なぜか楽しく遊べてしまうデザインのポイントは、タブーのモチーフ。ランダム性の高さ、貧乏神、セクシーシーン、果てはうんちまで登場します。デザイナーのさくまあきらさんは、奇しくもドラクエシリーズのデザイナー・堀井雄二さんと同じ編集者出身。漫画家・鳥山明さんを見出し、『少年ジャンプ』を大成功に導いた鳥嶋和彦さん然り、「編集」の技術には優秀な体験デザインが詰まっています。

第3章　物語のデザイン

ゲーム業界が成長・成熟した昨今は、かつては人々の目から隠されていたゲームデザインのノウハウも、むしろ積極的に開示されるようになりました。ゲームのファンのみならず、体験デザインという視点でもきわめて貴重な情報が、この本でとりあげた『The Last of Us』『風ノ旅ビト』についても数多く公開されていますので、ぜひネットをのぞいてみていただければと思います。

その際、以下に紹介する神話学・脚本術・物語論・脳神経科学といった学問の知識があれば、実際のデザイナーの発言と照らし合わせることで「こんなことを考えながらゲームを作っているのか!」なんて具合に、より深い理解が得られることでしょう。

本 『千の顔をもつ英雄 新訳版』

(早川書房、ジョーゼフ・キャンベル、倉田真木[訳]、斎藤静代[訳]、関根光宏[訳]、2015)

神話学者である著者の代表作かつ古典的な名著です。「英雄の旅」の構造を具体的に解説してくれます。太古から現代まで、人間は何を求め、何に心動かされるか。そんな巨大なテーマにひとつのこたえが与えられています。難しい部分もあり、イメージしにくい事例などもありますが、まずは斜め読みしながら全体の構造をつかんで、再読したって大丈夫です。ものすごく懐の深い本ですから。

本 『ストーリー』(フィルムアート社、ロバート・マッキー、越前敏弥[訳]、堺三保[解説]、2018)

世界でもっとも有名なシナリオ講師と呼ばれる著者が、心を動かす物語をつくる方法を詳細に論じたバイブル、待望の邦訳です。映像業界、シナリオライターから圧倒的に支持されるのみならず、ビジネスマンにも読まれているのは、心を動かす体験をデザインすることは誰にでも求められていることの証明でしょう。物語の構造から、具体的な脚本の書きかたまで。必読の名著です。

本 『ナラトロジー入門』(水声社、橋本陽介、2014)
物語論の入門書として最適。日本人の筆者だからこそ読みやすく、物語内容と物語言説のような基本を押さえつつも、無数の事例を用いてあくまでおもしろく解説してくれます。同じ著者の『物語論 基礎と応用』(講談社、橋本陽介、2017)は事例がさらに増え、さらに楽しいです。一見して高尚そうに見えなくもない物語論という学問も、この本を読めばきっと、つい、勉強したくなりますよ。

本 『ミラーニューロンの発見「物まね細胞」が明かす驚きの脳科学』
(早川書房、マルコ・イアコボーニ、塩原通緒[訳]森山和道[解説]、2011)
神経科学の権威である筆者が、「生物学におけるDNAの発見に匹敵する」と称されるミラーニューロンの驚くべき性質を平易にまとめてくれています。ミラーニューロンの「自分が行動したときと同じように、他人の行動で興奮する」という基本的な性質から、ミラーニューロンが人間社会の様相を規定しているという主張まで、さまざまな視点から私たち人間の有様を考えさせてくれます。

ゲーム 『INSIDE』(Playdead、2016)
何かおかしなことが起きている世界で、何者かから逃げる少年。笑いと恐怖、セクシーとグロテスク、謎解きとアクションが見事に一連の体験としてデザインされていて、プレイヤーはつい「どういう物語なのか」を頭の中で語りだしてしまいます(具体的な内容は、ぜひゲームをプレイして体験してください)。物語を語りだしてしまうという意味では、より強烈な『The Witness』(Thekla、2016)というゲームもあります。ルールをいっさい説明してもらえないパズルゲームであり、同時に世界観をいっさい説明してもらえないアドベンチャーゲームでもあります。まだまだゲームには無限の可能性があるのだという気づきを業界全体に与えた衝撃作です。

ゲーム 『ワンダと巨像』(Sony Interactive Entertainment、2005)
世界的に圧倒的な支持を受けるゲームデザイナー・上田文人さんの作品。不思議なことに、このゲームを遊ぶと、アグロという馬の同行者のことをプレイヤーみなが好きになります。ゲームの歴史上、共感させる力の高さは抜きん出ています。共感させるゲームとしては、他に『MOTHER』シリーズ(任天堂、1989〜)、『ゼルダの伝説 夢をみる島』(任天堂、1993)、『ピクミン』シリーズ(任天堂、2001〜)、『Bioshock』(2K Boston/2K Australia、2007)などもあげられます。ゲームというメディアの特性を活かしながらも、普遍的な体験デザインを実現している名作として、これからも語り継がれることでしょう。

ゲーム 『ゼルダの伝説 ブレス オブ ザ ワイルド』(任天堂、2017)
すべてのユーザを教え導く任天堂的なデザインと、ユーザを放置し翻弄するオープンワールドゲーム的デザインが見事に融合されている歴史的傑作。ゲーム冒頭、「始まりの台地」、全世界と徐々にユーザの行動範囲を広げていきながら、その都度チュートリアルと自発的な冒険を繰り返させ、プレイヤーを勇者として成長させていくデザインは圧巻です。チュートリアルと自発的な冒険、それぞれの場面でプレイヤー地図の周辺部

をどのように移動するかについて注目しながら観察・分析してみていただくだけでも、その綿密さに驚いていただけると思います。なお、宿敵・ガノンドロフは、世界の中心でプレイヤーを待っています。プレイヤーがみずからの意思で世界の中心に踏み込めるよう、デザイナーもまた、プレイヤーの成長を待っているのです。

ゲームと遊びを掘り下げる

本 『遊びと発達の心理学』（黎明書房、J.ピアジェ ほか、森楙［監訳］、2013）

20世紀でもっとも影響力のある心理学者のひとりとされ、発達心理学の大家として知られる著者が、遊びをテーマに発達心理学を論じます。子どもは4つの段階を段階的に発達していく、他律的から自律的へと道徳観にも発達段階がある……などの論は、体験デザインにも大いに活用できます。なぜなら、体験を通り抜けながら成長するのは、子ども・大人にかかわらず人間誰しも共通だからです。

本 『遊びと人間』（講談社、ロジェ・カイヨワ、多田道太郎・塚崎幹夫［訳］、1990）

社会学者・哲学者である著者が「遊び」を定義し、分類し、その意味を考察します。とくに「遊びの4分類」はゲーム業界では必須ともいえる考えかたで、アゴン（競争）・アレア（偶然）・ミミクリ（模擬）・イリンクス（眩暈）の4つですべての遊びを分類できるとしています。つまらない体験をおもしろくしたいときは、遊びの4分類を応用してみてください。体験の印象ががらっと変わります。

本 『ホモ・ルーデンス』（中央公論新社、ホイジンガ、高橋英夫［訳］、2019）

歴史学者であった著者が、それまで学問上重要視されていなかった「遊び」について正面から考えてくれました。人間は「ホモ・サピエンス（考える人、の意）」や「ホモ・ファーベル（つくる人）」である前に「ホモ・ルーデンス（遊ぶ人）」である。人間は遊ぶからこそ、遊びを通して能力を獲得し、文明を発達させてきた、とも。なんだか遊ぶことが誇らしくなるような、悠久の歴史の先端に自分がいることを思い起こさせてくれるような一冊です。

本 『ゲームする人類』（明治大学出版会、中沢新一、遠藤雅伸、中川大地、2018）

文化人類学者・ゲームデザイナー・ゲーム評論家がゲームの可能性をそれぞれの視点から論じます。今お読みいただいている「ご案内」で紹介している考えかたや書籍も大部分がフォローされていますし、これまでのゲーム業界の重要な変遷もたどれます。ゲームというものを学ぶときの入り口にもなれば、ゲームについて深く分析・批評・研究する糸口にもなる……とても稀有な本だと思います。

本 『3Dゲームをおもしろくする技術 実例から解き明かすゲームメカニクス・レベルデザイン・カメラのノウハウ』（SBクリエイティブ、大野功二、2014）

ゲームに登場する優秀なデザインをきわめて具体的に解説してくれている唯一無二の本です。ゲームのルール設定も、ステージのデザインも、カメラの動かしかたも、すべてゲームデザイナーの意図がこめられていることに感嘆しながらお読みいただけることで

しょう。「本当にこんなに深く考えてつくってるの？　信じられない！」と疑う人も多いのですが……（それぐらいデザイナーは深く考えながらゲームをつくっているのです、本当の本当に）

本 『ハーフリアル 虚実のあいだのビデオゲーム』

（ニューゲームズオーダー、イェスパー・ユール、松永伸司［訳］、2016）

ビデオゲーム研究の第一人者である著者が、ビデオゲームの根本的な構造をアカデミックに解説した名著です。ゲームは現実であり、虚構である。ルールであり、フィクションである。ビデオゲームとは何か？　という問いに対して、スッキリとした構造を与えてくれます。なお、訳者である松永伸司さんご自身もゲームの研究者で、『ビデオゲームの美学』（慶應義塾大学出版会、松永伸司、2018）等を著されています。美学をベースに、芸術としてのゲームを論じています。そう、ゲームはアートでもあるのです。

本 『フロー体験 喜びの現象学』（世界思想社、M・チクセントミハイ、今村浩明［訳］、1996）

世界的に著名な心理学者がまとめてくれたのは、一言で言えば「集中の方法」。きわめて高い集中力を発揮できる「フロー状態」を定義したうえで、フロー状態に至るための方法を論じた本です。集中を求めるという意味では、ビジネスマンもスポーツマンも、教育者も職人も、みな同じはず。だからこそ、特定の分野に偏らず、さまざまな分野の読者から圧倒的な支持を得ています。

本 『入門・倫理学』（勁草書房、赤林朗［編］、児玉聡［編］、2018）

倫理学の2本の柱である規範倫理学とメタ倫理学に政治哲学を加えた3つの領域全般を解説し、倫理学という巨大な学問の全体像を把握させてくれる本です。著者のおふたりはともに倫理学の大家。そんな大家に助けてもらいながら、いっしょに悩み、考えましょう。感情と理性、権利と義務、道徳と法、実在と反実在……悩みの種が足りなくなることはありません。

本 『アイデアのつくり方』

（CCCメディアハウス、ジェームス・W・ヤング、竹内均［解説］、今井茂雄［訳］、1988）

企画術におけるバイブル的な本で、創造性を求める人々に広く読まれている名著です。「アイデアとは、既存の要素の新しい組み合わせである」という言葉は無数に引用されていますね。薄く、小さく、非常に短く読みやすい本でありながら、妙な迫力や神秘性すら放っているのは、きっとこの本が創造性という人間の核心となるテーマに触れているからなのだと思います。

上記最後の3冊の本のテーマである「集中・倫理・創造」といった内容は、体験デザインについて2冊目の本が書けたときのメインテーマになる予定です。「ついクリエイティブになってしまう体験デザイン」……お楽しみに！